高职计算机教学与模式构建研究

张哲斌 著

吉林科学技术出版社

图书在版编目（CIP）数据

高职计算机教学与模式构建研究 / 张哲斌著 .
长春：吉林科学技术出版社，2024. 5. -- ISBN 978-7
-5744-1378-8
Ⅰ．TP3
中国国家版本馆 CIP 数据核字第 2024TJ4256 号

GAOZHI JISUANJI JIAOXUE YU MOSHI GOUJIAN YANJIU

高职计算机教学与模式构建研究

著　　　者　张哲斌
出 版 人　宛　霞
责任编辑　鲁　梦
封面设计　树人教育
制　　版　树人教育
幅面尺寸　185mm×260mm
开　　本　16
字　　数　250 千字
印　　张　11.25
印　　数　1-1500 册
版　　次　2024 年 5 月第 1 版
印　　次　2024 年 12 月第 1 次印刷
出　　版　吉林科学技术出版社
发　　行　吉林科学技术出版社
地　　址　长春市南关区福祉大路 5788 号出版大厦 A 座
邮　　编　130118
发行部电话 / 传真　0431-81629529　　81629530　　81629531
　　　　　　　　　　　81629532　　81629533　　81629534
储运部电话　0431-86059116
编辑部电话　0431-81629520
印　　刷　三河市嵩川印刷有限公司
书　　号　ISBN 978-7-5744-1378-8
定　　价　65.00 元

前　言

　　随着高职院校培养出来的计算机专业人才逐步走向社会，社会对高职院校培养出来的计算机人才的使用情况也进行了及时反馈。从反馈的情况来看，目前高职院校计算机专业多采用传统教学模式，已经严重影响到计算机专业人才的培养。为了让培养出来的计算机专业人才更好地适应社会主义市场经济的发展需求，当前的高职院校必须要积极探索和创新专业教学模式，以真正实现培养出社会及市场需要的高素质应用型技能人才的目的。

　　计算机基础教学是培养学生信息素养、软件及计算机知识、推广计算机应用的重要途径。随着国民经济的高质量发展，计算机应用的广泛与深入，学生对计算机知识的要求也在逐步提高。现阶段计算机教育正面临着新的挑战，长期以来，多数计算机基础课程沿用传统的教学方式，缺乏创新意识，导致学生对这一课程缺乏足够的兴趣和关注度。为了解决这一问题，使学生可以正确利用计算机解决在生活和学习中遇到的问题，笔者对计算机基础课程改革思路与教学模式优化进行了研究。

　　由于笔者水平有限，本书难免存在不妥甚至谬误之处，希望大家批评和指导，以便进一步完善。

目　录

第一章　计算机教育的相关定义

大学无法独立地、直接地培养工程师，需要与企业开展人才的联合培养，共同探索人才培养模式。"一体化学习"是学生在学习专业知识的同时，学习并提高个人能力和人际交往能力，从而养成积极、主动的情感态度。

第一节　计算机基础教育

计算机是信息技术的基础，应用广泛，发展迅速，几乎国内所有高等学校都设有计算机专业。

我国高等学校有四个层次，即大学、专门学校、高等职业技术学院和高等专科学校，在高考招生中分别招收一本、二本、三本和专科学生。四类高等学校的人才培养目标定位不同，部属重点大学主要培养研究型人才，职业技术学院培养技术型人才，省属大学和独立学院则主要培养应用型人才。

研究型人才要求计算机类专业基础扎实，毕业后具有从事理论研究与工程应用的能力。应用型人才以工程应用见长，能将计算机科学技术应用于不同的学科领域，进行应用项目设计与开发。技术型人才要求熟练掌握计算机应用技术与开发工具，毕业后能从事计算机应用方面的技术工作。但笔者认为，三种人才培养不应有严格的区分，职业技术学院也应培养应用型技术性人才。

一、计算机类专业人才培养目标

高职院校要在市场竞争中长期存在下去，一个重大的挑战就是要在人才培养目标上找准自己的定位，办出自己的特色，确保学生毕业后能够充分就业。为此，我们对计算机专业人才培养目标进行了如下定位：

（1）素质：德智体美全面发展，综合素质好。

（2）知识结构：系统掌握计算机专业基本理论知识，不要求很深但要够用。

（3）能力：熟练掌握计算机某个专业方向的基本理论知识和主流应用技术，具有较强的工程应用和实践能力。

第一条保证学生的综合素质。第二条保证学生向上迁升（如考研）和横向迁移（从一个专业方向转向另一个专业方向）的能力。第三条体现办学特色，保证学生的就业竞争能力。为实现上述目标，必须根据经济社会发展对计算机类专业人才的需要，认真规划专业结构、课程体系，创新人才培养模式。

二、计算机类专业规划与人才培养方案

专业规划是指依据人才培养总体目标定位，设计并规划本专业具体的人才培养目标和专业方向，制定人才培养方案。现有的专业面太宽，在三年时间内要学到样样精通是不可能的，必须进行合理的规划。制定专业规划应遵循以下原则：

一是根据社会经济发展需要制定专业规划。有的专业看来招生很火爆，但很可能几年后人才市场就饱和，面临毕业就失业的压力。计算机专业是信息技术的基础核心专业，人才需求是长期的，专业规划时应该把握人才需求趋势。根据我们的调查研究，网络工程、嵌入式技术、软件设计与开发、数字媒体技术是未来应用型人才的需求热点。

二是根据学校的专业基础和办学条件制定专业规划。专业基础是指办类似相关专业的经验、师资力量和实验仪器设备。如果有，办起来相对容易；如果一切从头开始，就很困难。设置新的专业方向也一样，因为我们培养的是具有较强的工程应用和实践能力的人才，需要学校投入大量资金建立实验室和实训基地，动辄就是上百万，没有场地、资金、人力是不行的。

在职业技术教育方面是分方向的，学生不再是像以前那样什么都学一点、一样也不精通，而是在校期间集中精力学习一个专业领域，熟练掌握该专业领域的主流应用技术并接受良好的职业技术训练，做到能动手实践，会独立解决实际问题。这样，学生毕业时就不会找不到工作。

三、当前大学计算机基础教学面临的问题和任务

通过对部分高校 2017 年入学新生的计算机水平的调查发现：大学新生入学时所具备的计算机知识差异性很大，来自经济相对发达地区的学生多数对计算机都有一定的了解，但认知及技能水平参差不齐；而来自一些经济及教育都欠发达地区的学生对计算机的了解又非常少，有的根本就没有接触过计算机。这就导致了大学新生的整体专业水平严重失衡。通过进一步分析得知，在具备一定计算机技能的学生中，在大学前所掌握的计算机技能多数仅限于网络的初步应用（如上网收发邮件、聊天及玩游戏）但计算机基础知识仍未达到大学计算机基础教学的目标。随着中小学信息技术教育的不断普及，大学计算机基础教育中计算机文化认识层面的教学内容将会逐步下移到中小学，但由于各

地区发展的不平衡，在今后相当长的一段时间内，新生入学时的计算机水平将会呈现出更大的差异。这使得高校面向大学新生的计算机基础课程教学面临严峻的挑战，既要维持良好的教学秩序，又要照顾到学生的学习积极性，还要确保良好的教学质量和教学效果，这就要求高校在计算机基础教学工作方面，要大胆创新，不断改革教学内容和方法，不断提高教师自身的业务素质。

社会信息化不断向纵深发展，各行各业的信息化进程不断加快。电子商务、电子政务、数字化校园、数字化图书馆等已向我们走来。社会各行业对大学生人才的计算机技能素质要求有增无减，计算机能力已成为衡量大学毕业生综合素质的重要指标之一。大学计算机教育应贯穿于整个大学教育。教育部理工科和文科计算机基础教学指导委员会相继出台了《关于进一步加强高等学校计算机基础教学的意见》（白皮书）和《高等学校文科类专业大学计算机教学基本要求（2022年版）》（蓝皮书），提出了新形势下大学生的计算机知识结构和应用计算机的能力要求，以及大学计算机基础教育应该由操作技能转向信息技术的基本理论知识和运用信息技术处理实际问题的基本思维和规律。随着全国计算机等级考试的不断深入开展，计算机等级证书已经成为各行业对人才计算机能力评判的重要标准，这是因为全国计算机等级考试能够较全面地考查和衡量一个人的计算机能力和水平。所以，大学计算机基础教学的改革应以提高学生的计算机能力水平、使学生具备计算机应用能力为目标，具体到教学工作中可依照全国计算机等级考试的要求，合理地在不同专业、不同层次的学生中广泛开展计算机基础教育。

人才培养模式，是为实现培养目标而采取的培养过程的构造样式和运行方式，它主要包括专业设置、课程模式、教学设计和教学方法等构成要素。高职院校计算机类专业的人才培养模式应该是：在保证专业基础核心课程学习的基础上，按职业岗位群规划和设置专业方向；将专业教育与职业技术教育相结合，实现"专业教育—职业技术培训—就业"一条龙。

这种人才培养模式的现实意义在于：IT行业（信息技术产业）需要大量的有2~3年实践工作经验的计算机专业人才，但它们招聘不到合适的人才；我国高等院校每年有数十万计算机专业大学生毕业，却找不到工作。

导致这种现象出现的主要原因在于刚毕业的大学生不具备2~3年的实践工作经验。于是社会上就应运而生了一大批IT职业技术培训机构，它们专门培训刚毕业的大学生并为他们推荐就业。

为学生提供职业技术培训并安排所有学生就业，这对学校来说是不可能的（不是不愿做而是做不到）。这主要是因为：（1）学校缺少知识和能力结构与时俱进的"双师型"教师；（2）学校没有如职业技术培训机构那样广泛的就业渠道。学生要想在IT行业中找个理想的工作岗位，只有参加社会培训机构的职业技术培训。

学生在校期间参加社会上的职业技术培训不但花钱多，而且由于培训时间与学校上课时间冲突，经常出现逃课现象，使得专业课程不及格。因此，学校主动与职业技术培训机构合作是一种不错的选择。

（一）课程体系设计

课程体系是人才培养目标的具体体现，是确保人才培养目标的基础，反映出教育者对学生学习的要求和期待，必须仔细设计。

我们的做法是，从人才的社会需求分析调查和职业岗位群分析入手，分解出哪些是从事岗位群工作所需的综合能力与相关的专项能力，然后对课程体系进行调整。

构建课程体系时，一要保证专业基础理论的系统性、完整性，既照顾到大多数学生毕业后即就业的现实情况，基础理论不能过深过精，又照顾到少数学生考研的需要，适当开设专业选修课。二要同时构建专业技术理论、实践教学体系，把专业课程与职业技术培训课程有机融合，让学生在学习专业技术课程时尽量把技术基础打扎实，这样可以缩短职业技术培训的时间，增强培训效果，降低培训费用。

因此，学校在制定人才培养方案和课程教学大纲时，可以与职业培训机构紧密合作，协商解决专业技术课程与职业技术培训课程的衔接问题。

（二）建立实践教学体系

实践教学的目的是优化学生的素质结构、能力结构和知识结构，让其具备获取知识、应用知识的能力及创新能力。计算机类专业是实践性很强的专业，离开了实践，学生将一事无成。

过去的实践教学大多是以课程为中心而设计的。有的课程有上机实验，有的没有。实验内容大多是验证性，且仅停留在实验室阶段，很少有人关注这些实验的实际用途。因此，实验做过后也就忘了，扔到一边了，更何况，有些实验课因为设备不足、上机时间不够，往往导致学生不能把一个实验从头到尾做完整，造成许多"半拉子工程"，其实际效果很差。

一个完整的实践教学体系，必须保证有足够的设备和足够的学习时间，使学生得到完整和充分的训练，能够完全熟练地掌握核心技术和技能，并能够综合应用。实践教学分为以下五种类型：

第一类是课程实验，一般不少于该课程学时数的1/3，主要帮助学生理解和消化课程内容，掌握相关技术的使用方法和步骤。

第二类是分阶段安排的专题实践，一个学期安排一次，每次集中一周的时间，要求学生在指定的实验环境下，独立完成指定科目的一个专题项目。

第三类是集中教学实习，时间为两周，请企业的技术人员兼职教师来学校授课，按照企业用人方式和要求培训学生，指导学生在其选报的专业领域内完成一个小型项目的设计与开发，使学生体验企业环境和职业要求。

第四类是大型综合课程设计或职业技术培训。其目的是根据职业岗位培训的要求培训学生，让学生在老师的指导下合作完成一个较大型工程项目的全过程实践。大型综合课程设计和职业技术培训分开进行。职业技术培训安排在集中教学实习的后面，时间大约为三个月，利用暑假时间和开学后的一个月进行，培训结束后由培训机构安排学生实践。由于培训需要学生自己交培训费，所以采取自愿的原则。

第五类是毕业设计，要求学生综合应用所学的专业知识和技术，独立完成一个自选或指定项目的设计，培养学生的创新能力。

（三）建立校企联合实训基地，合作开展职业技术培训

将职业技术培训引进学校，在校内创建联合实训基地，校企合作对学生进行职业技术培训，这是学校为学生提供项目实践经验、保证学生充分就业的重要途径。其好处如下：

（1）大大降低培训费用，让大多数学生都能参加，减轻了学生的就业压力；

（2）就地培训免除了学生在外租房费用及车马劳顿之苦；

（3）培训与专业课教学相结合，可使学生做到上课与培训两不误；

（4）教师参与职业技术培训，使教师也得到了职业技术训练，不但使教师变成了"双师型"教师，而且对课程建设和课堂教学改革也大有好处。

一个人才培养方案和培养模式的确立需要通过实践的检验，并在实践中不断进行修改和调整。这就需要学校与学校之间多进行交流，不断改进和完善培养方案，创新人才培养模式，为国家和社会培养更多的符合市场需要的应用型技术人才。

第二节　计算机网络课程教育

随着现代社会的不断发展，计算机网络得到了广泛应用，已经融入社会生活的各个领域，产生了深远影响。社会各行业对网络管理、网络建设、网络应用技术及开发的人才需求越来越大。在这种形势下，高校为社会培养大量理论基础扎实、实践能力强的网络技术人才显得尤为迫切。计算机网络作为计算机相关专业学生必修的核心课程之一，在整个学科中有着重要的地位。计算机网络涉及大量错综复杂的新概念和新技术，在教学中常常存在教学目标定位不清、教学内容与主流技术脱节、实验环节薄弱等问题，因此教学改革十分必要。笔者特对其他高校在计算机网络教学改革中取得的成果和经验作如下总结：

一、明确教学目标定位

教学目标的正确定位是教学改革有序开展的前提和保证，即明确教学是为培养什么

类型的人才而服务。计算机网络课程的教学目标大致可分为三个层次：网络基本应用、网络管理员或网络工程师、网络相关科学研究。其中，网络基本应用目标要求掌握计算机网络的基础知识，在生活、学习和工作中可熟练利用各种网络资源，如浏览新闻、收发电子邮件和查找资料等；网络管理员或网络工程师目标要求掌握网络集成、网络管理、网络安全、网络编程等知识和技能，并对其中一项或若干项有所专长，可以胜任如网络规划设计、网络管理与维护、架设各种服务器和网络软硬件产品的开发等工作；网络相关科学研究目标要求具备深厚的网络及相关学科的理论基础，可以从事科研和深层次开发工作。第一层次是现代社会人才都应该具备的，不需要学习系统的理论知识，适当培训甚至自学就可达到。第二、三层次则需要具备较好的理论基础，主要针对高等院校计算机专业。计算机专业教育的目的是在培养、加强专业基础教育的同时，注重对学生的技能培养，培养适应现代化建设需要的、基础扎实、知识面宽、能力强、素质高、可以直接解决实际问题并具有创新精神和责任意识的高级应用型人才。所以，计算机专业计算机网络教学应以第二、三层次为主要目标。

二、优化课程结构，更新充实教学内容

首先，应该根据现代网络技术的发展状况和市场需求，不断修订教学大纲和充实新的教学内容。教学大纲的制定应为课程教学目标服务。计算机网络技术经过多年的发展，已经形成了比较完善的知识体系，基础理论知识已经相对成熟，在选择和确定教学内容时，应兼顾基础知识与新兴技术。如当今网络体系结构的工业标准是 TCP/IP，而 OSI 参考模型只要介绍其特点和学习网络体系结构的意义即可。再比如 X.25、帧中继等目前已基本淘汰的技术可在教学中一带而过，适当增加与 FDDI、无线局域网、网络管理和网络安全等当前热门技术相关的内容。其次，要注重教材建设，结合教学内容为学生选择一本合适的教材。教师可以自行编写教材，也可以选择已出版的优秀教材。英文版教材如 Andrew S.Tanenbaum 的 *Computer Network*，该书是计算机网络课程的经典教材，在国内外重点大学的网络教学中使用频率较高，该书的中文版也已出版。国内的优秀教材如电子工业出版社出版的《计算机网络》（谢希仁编），目前已出第 7 版。

三、校企合作构建网络教学平台

根据网络教学设计流程框图，自主设计基于网络教学评价策略的工作过程导向"计算机组网与管理"网络教学平台。

该网络教学平台主要分为公有栏目和教学平台两个部分。公有栏目是课程的相关介绍部分，教学平台是实施基于工作过程导向的教学园区。在网络学习环境不同的学习阶段，学习序列和媒体差异已经不明显，教学媒体根据评价策略，通过对基于资源的教学

策略和基于案例学习的教学策略进行整合，采用资讯、决策、计划、实施、检查、评价六步法进行教学，对每个学习情境进行单独的形成性或总结性评价，同时该评价又是下一学习情境的诊断性评价。

学习结束采用某信息技术有限公司（是一家专业从事信息技术教育解决方案研究、教育考试产品开发，为在校学生、企业在职人员提供主流 IT 应用技能教育服务及职业能力测评服务的技术型企业）为企业定制的评测模型，由仿真评测系统抽取符合需求的模拟场景，通过记录被测试人员在此模拟场景中的实际操作，从而对其进行分析能力、基础知识、技术应用水平和应急处理能力四个方面的总结性评价。

传统的教学评价都是由学校教师一肩挑，他们既扮演运动员的角色，又扮演裁判员的角色。而校企合作进行评价，能够真实地显示传统教学的不足，它既是教学的总结性评价，又是教学的诊断性评价或形成性评价，可以促使教学内容更贴近生产第一线，且评价的结果可以直接为企业服务。

四、改善教学方法与手段

先进、科学的教学方法与手段能激发学生的学习兴趣，并收到良好的教学效果。根据教学内容和目标，可将多种教学方法和手段合理运用于教学活动中。

（一）充分利用多媒体优势

多媒体技术集图像、文字、动画于一体，图文并茂，形式多样，使用灵活，信息量大。教师应利用一切资源，精心制作多媒体课件。利用多媒体动画可将抽象、复杂的教学内容和工作原理以直观形象的方式演示出来。例如，可将数据在各层的封装和解封、CSMA/CD 工作原理、TCP 三向握手等抽象内容制作成多媒体演示出来，这样做既生动、形象，又易于理解和掌握。

（二）利用各种工具软件辅助教学

网络体系结构中的各层协议是计算机网络课程中的重难点内容，了解和掌握各层协议数据单元（PDU）的格式和字段内容十分重要，如果不清楚这些就无法真正理解各层功能是如何实现的。但是这些内容抽象、枯燥，教学效果往往不佳，可借助 Wireshark 和 Snifer 等工具软件辅助教学。可用其捕捉数据包并分析各种数据包的结构，学生能够直观地看到 MAC 帧、IP 包、TCP 包文段等各种协议数据单元的结构和内容，理解和掌握便不再困难。

（三）重视案例教学法

学习计算机网络要掌握解决网络实际问题的基本方法，学习网络的基本原理，培养跟踪、学习网络新技术的能力。计算机网络课不应是单纯的理论课或应用课，而应是理论、工程与应用紧密结合的课程。因此在内容安排上，不仅应重视网络基础理论和工作原理的阐述，还应重视网络工程构建和网络应用问题的分析，使理论与实际更好地结合。在教学中选择一些典型案例进行分析、讨论和评价，使学生在掌握基础知识的同时获得一定的实际应用经验，反过来可更加深入地理解基础知识，有利于激发学生的求知欲，调动学生的学习主动性和自觉性，从而提高学生分析问题和解决问题的能力。

（四）鼓励学生积极参与教学

改变传统教学中"老师教，学生学"的模式，鼓励学生积极参与到教学中来，让其感受到自己在教学过程中的主体地位。优秀的学生不仅能学好教师讲授的内容，还有自己的好想法，甚至能为老师提出改进意见。这就需要教师尊重并思考学生的意见，给学生一定的施展才华的空间并加以启发和引导，教师可以选择一些学生提出过的或当前的热点课题布置给学生，让他们走出课堂去调查和搜集资料，然后在课堂上讲解，同学们互相讨论，最后由老师点评。这样积极有效的参与既提高了学生的学习主动性，又锻炼了学生的思考和表达能力。

五、进行实验教学改革

计算机网络是一门应用性很强的课程，计算机专业教育更应重视实验教学环节。实验教学不但是理论教学的深化和补充，而且对于培养学生综合运用所学知识、解决实际问题、加深对网络理论知识的理解和应用也具有非常重要的作用。

（一）建设优良实用的网络实验室

良好的实践环境对学生能力的培养至关重要，它是实现培养网络人才目标的重要保障。要针对教学目标和学校实际情况，设计一套合理实用的网络实验室建设方案。为此，一些院校建立了网络工程实验室，使学生有了动手实践的机会，能够更好地做到理论和实际紧密结合。

（二）利用虚拟网络实验平台

网络技术的快速发展对实验设备的要求越来越高。高校一般都存在经费有限的问题，实验室设备的更新改造往往很难及时跟上网络技术的发展。

即便实验环境很优越，学生做实验也可能受到时间和地点的诸多限制，而虚拟网络实验技术的发展为网络实验教学改革提供了新的思路。使用虚拟机 Vmware，学生在一台计算机上就可以组建虚拟的局域网，完成虚拟机与主机、虚拟机之间的网络连接，实现安装各种操作系统、服务器架设和开发及测试的实验。使用 Packet Tracer 或 Boson Netsim 可以支持大量的设备仿真模型，如交换机、路由器、无线网络设备、服务器、各种连接电缆和终端等，配置命令和界面与真实设备几乎完全一样。利用虚拟的网络实验平台，学生可随时进行各种网络实验训练而不必担心网络设备的损坏，可以快速搭建虚拟网络并做好配置和调试，还可以由一个人完成较复杂的设计性和综合性实验。真实实验结合虚拟实验极大地提升了学习效率和资源的利用率，达到了良好的教学效果。

（三）调整和完善实验教学内容

由于各校的实际情况不同，因此要根据教学目标和实验室条件来设计实验内容和编写实验指导书。实验教学内容不应仅仅依附于课程的理论教学内容，它同理论课程一样都是为教学目标而服务的。验证性、设计性和综合性实盛所占的比例应该科学合理，多关注和借鉴一些厂商认证培训的实验项目；在确定实验内容时，要注意加强实验内容的实用性。实验内容大概可分为以下几类：网络基本原理实验，如使用 Wireshark 或 Snifbr 分析网络协议；网络集成类实验，如网线的制作及测试、交换机和路由器的基本配置、VLAN 的配置与管理、路由协议的配置、访问控制列表的配置、树协议的生成、网络的设计与规划等；网络管理类实验，如对各种操作系统的安装配置及管理，IS 服务器的配置及管理，Apache 服务器的配置及管理，FTP、DHCP、DNS 等服务的配置和管理，用户和权限的管理等。如果安排实验内容较多，可将实验独立设课。实验内容不能一成不变，应根据网络技术的发展和市场需求不断地更新和完善。

网络技术日新月异，计算机网络课程的教学应该紧密地结合实际，在探索过程中持续改进，为培养出更多的高素质应用型人才贡献力量。

第二章 计算机专业教学现状与改革

通过教学改革与研究，树立先进的人才培养理念，构建具有鲜明特色的学科专业体系和灵活的人才培养模式，才能培养出适合当地经济建设和社会发展的，适用面广、实用性强的专业人才。

第一节 当前计算机专业人才培养现状

一、专业定位和人才培养目标不明确

国内重点大学和知名院校的专业培养强调重基础、宽口径，偏重于研究生教育。而职业院校由于生源质量、任课教师水平等诸多因素的影响，要达到重点院校的人才培养目标确实强人所难。职业院校的生源大部分来自农村和中小城市，地域和基础教育水平的差异，使得他们视野不够开阔，知识面不够宽，许多与实践能力培养相关的课程与环节在片面追求升学率的情况下被放弃。这些学生上大学，怀抱"知识改变命运"的个人目标，对于来自农村的生源来说是无可厚非的，然而一进入大学之门，就被学校引导进入掌握一技之长或以考取研究生为目的的学习之中，则会导致他们把学习的考试成绩看得特别重，忽略了实践能力的运用。加上职业院校的学术氛围、学习风气的影响，教学效果一般难与重点院校相提并论，所以培养出来的学生基本理论、动手能力、综合素质普遍与重点大学和社会对人才的需要有一定的差距。专业定位和培养目标的偏差，导致部分职业院校计算机专业没有形成自己的专业特色，培养出来的学生操作能力和工程实践能力相对较弱，缺乏社会竞争力。

二、培养方案和课程体系不能因地制宜

计算机专业的培养方案和课程体系，除了学习和借鉴一些名牌大学、重点大学之外，有些是对原有计算机科学与技术专业的培养计划和课程体系进行修改。无论何种方式，由于受传统的理科研究性的教学思想的影响，都是从研究软件技术的视角出发制定培养

方案和设计课程体系的。这些课程体系不是以工程化、职业化为导向，而是偏向理论教育，特别是与软件开发过程相关的技能与工程实训很少，甚至根本没有。根据这样的培养方案和课程体系，一方面软件工程专业实训内容难以细化，重理论轻实践，加之机械地操作，不能提高学生的动手、推理能力，从而导致学生创新能力不足。另一方面，课程内容陈旧、知识更新落后，忽视针对性和热点技术，无法跟上业界发展快速的软件技术，专业理论知识难度较大，学生很难完全掌握吸收，又学不到最新的专业技术，专业成才率较低。

生源质量、师资水平、地方经济发展程度的不同，要求高校培养人才要因地制宜，探索出真正体现职业院校计算机专业特色的培养计划和课程体系，培养出适合企业需要的软件工程技术人才。

三、实践教学体系建设不完善

计算机专业实践教学环节的硬件条件大多按照教育部评估的要求进行了配置，实践课程也按照计划进行了开设。但是很多都是照搬一般模式，有些虽然也安排学生到公司实习，但是对如何从实验教学、实训教学、"产、学、研"实践平台构建等环节建设实践教学体系的考虑还远远不够，更谈不上如何根据专业自身的生命周期和需要进行实践教学的安排。很多实践过程，学生根本就没有深入地学习，只是做了一些简单的验证实验，没有深入分析问题、解决问题的过程。另外，学生实验、实训都是以个人为单位的，缺少团队合作精神和情商培养，学生以自我为中心，缺乏与人沟通的能力和技巧，难以适应现代 IT 企业注重团队合作的工作氛围。

职业院校计算机专业的师资力量与重点院校相比还是相当薄弱的，相当一部分教师是从校门到校门，缺乏项目实践经历，没有生产一线的工作经验。另外，学校与企业联系不够紧密，教师难以及时了解和掌握行业的最新技术发展情况和体验现实的职业岗位，致使专业实践能力明显不足，"双师"素质的教师在专任教师中所占比例较低。真正符合职业教师特点和要求的教师培训机会不多，很多教师以理论教学为主导地位的教育观念没有改变，没有培养学生实践能力的意识，导致在教学过程中过分强调考试成绩，实践课程的学习成了附属品。没有好的师资很难培养出优秀的软件工程人才。

五、教学考核与管理方式存在问题

高校扩招后，职业院校普遍存在师资不足的问题，因此，理论课程和实践课程往往由同一名教师担任，合班课也非常普遍，为了简化考核工作，课程的考核往往以理论考试为主，对于实践能力要求高的课程，也是通过笔试考核，60 分成了学生是否达到培养目标、是否能毕业的一个铁定指标。学习缺乏过程性评价和有效监控，业余时间多且无人管理，给学生的错觉是只要达到 60 分，只要能毕业，基本任务就完成了，能否解决实际问题已不重要。这些问题在学生毕业设计（论文）阶段也非常突出，但由于学生面临找工作以及毕业设计指导管理等问题，毕业设计阶段对学生工程实践能力的培养也有相当弱化的趋势。

第二节　计算机专业教育思想与教育理念

任何一项教育教学改革，必须在一定的教育思想和先进的教育理念的指导下进行，否则教学改革就成为无源之水，无本之木，难以深化持续开展。

一、杜威"从做中学"教育思想的解读

约翰·杜威是美国著名的哲学家、教育家和心理学家，其实用主义的教育思想，对 20 世纪东西方文化产生了巨大的影响。联合国教科文组织产学合作教席提出的工程教育改革的三个战略"从做中学"、产学合作与国际化，其中的第一战略"做中学"便是杜威首先提出的学习方法。

"教育即生活""教育即生长""教育即经验的改造"是杜威教育理论中的 3 个核心命题，这 3 个命题紧密相连，从不同侧面揭示出杜威对教育基本问题的看法。以此为依据，他对知与行的关系进行了论述，提出了举世闻名的"从做中学"原则。

（一）杜威教育思想提出的时代背景

19 世纪后半期，经过"南北战争"后的美国正处在大规模的扩张和改造时期，随着工业化进程的加快，来自世界各国的大量移民涌入美国，推动了美国资本主义经济的迅速发展。但是大多数移民受教育程度不高，在美国经济中扮演的是廉价的农业或工矿业非熟练工的角色。一方面，资产阶级迫切需要大量的为他们创造剩余价值而又驯服的、有较高文化程度的熟练工人；另一方面，在年轻的移民和移民后裔的心中也有着强烈的愿望——通过接受教育改变其窘迫的生活现状。此外，工业化和城市化进程在加快美国经济发展速度的同时，也引发了一系列的社会问题，如环境恶化、贫富差距加大、城市犯罪增多和频繁的经济危机等，由此产生的轰轰烈烈的农民运动和工人运动，对美国教育的改革提出了更为紧迫的要求。如何使学校教育适应工业化的进程，如何使移民及移民子女受到他们所需要的教育，根据美国的生活和思维方式来驯化他们，使之"美国化"并增强本土文化意识，成为当时美国社会人士特别是教育界人士必须面对和思考的一个重要问题。

19 世纪中期的美国社会，在学校教育领域中占据统治地位的是赫尔巴特的教育思想。

赫尔巴特认为，教学是激发兴趣、形成观念、传授知识、培养性格的过程，与此相适应，他提出了教学的4个阶段，即明了、联想、系统、方法。赫尔巴特教学的形式阶段，其致命弱点就是过于机械、流于形式，致使学校生活、课程内容和教学方法等方面极不适应社会发展的变化。

对于美国工业化进程引起的社会生活的一系列巨大变化，杜威进行了认真而深入的思索，主张学校的全部生活方式，从培养目标到课程内容和教学方法都需要进行改革。杜威在其《明日之学校》里强调："我们的社会生活正在经历着一个彻底的和根本的变化。如果我们的教育对于生活必须具有任何意义的话，那么，它就必须经历一个相应的完全的变革……这个变革已经在进行……所有这一切，都不是偶然发生的，而是出于社会发展的各种需要。"以杜威为代表的实用主义教育思想的产生，是社会发展的必然趋势。

（二）"从做中学"提出的依据

从批判传统的学校教育出发，杜威提出了"从做中学"这个基本原则，这是杜威教育思想重要组成部分。在杜威看来，"从做中学"的提出有三方的依据。

1. "从做中学"是自然的发展进程中的开始

杜威在《民主主义与教育》一书中指出，人类最初经验的获得都是通过直接经验获得的，自然的发展进程总是从包含着"从做中学"的那些情境开始的，人们最初的知识和最牢固地保持的知识，是关于怎样做的知识。他认为人的成长分为不同的阶段，在第一阶段，学生的知识表现为聪明、才力，就是做事的能力。例如，怎样走路、怎样谈话、怎样读书、怎样写字、怎样溜冰、怎样骑自行车、怎样操作机器、怎样运算、怎样赶马、怎样售货、怎样待人接物等。"从做中学"是人成长进步的开始，通过"从做中学"，儿童能在自身的活动中进行学习，因此开始他的自然的发展进程。而且，只有通过这种富有成效的和创造性的运用，才能获得和牢固地掌握有价值的知识。正是通过"从做中学"，学生得到了进一步成长和发展，获得了关于怎样做的知识。

2. "从做中学"是学生天然欲望的表现

杜威强调，现代心理学已经说明了这样一个事实，即人的固有的本能是他学习的工具。一切本能都是通过身体表现出来的；所以抑制躯体活动的教育，就是抑制本能，因而也就是妨碍了自然的学习方法。与儿童认识发展的第一阶段特征相适应，学生生来就有天然探究的欲望，要做事，要工作。他认为一切有教育意义的活动，主要的动力在于学生本能的、由冲动引起的兴趣，因为这种由本能支配的活动具有很强的主动性和动力性特征，学生在活动的过程中遇到困难会努力去克服，最终找到解决问题的方法。进步学校"在一定程度上把这一事实应用到教育中去，运用了学生的自然活动，也就是运用了自然发展的种种方法，作为培养判断力和正确思维能力的手段。这就是说，学生是从做中学的"。

3. "从做中学"是学生的真正兴趣所在

杜威认为,学生需要一种足以引起活动的刺激,他们对有助于生长和发展的活动有着真正的浓厚的兴趣,而且会保持长久的注意倾向直到他将问题解决。对于儿童来说,重要的和最初的知识就是做事或工作的能力,因此,他对"从做中学"就会产生一种真正的兴趣,并会用一切的力量和感情去从事使他感兴趣的活动。学生真正需要的就是自己去做,去探究。学生要从外界的各种束缚中解脱出来,这样他的注意力才能转向令他感兴的事情和活动。更为重要的是,如果是一些不能真正满足儿童生长和好奇心需要的活动,儿童就会感到不安和烦躁。因此,要使儿童在学校的时间内保持愉快和充实,就必须使他们有一些事情做,而不是整天静坐在课桌旁。"当儿童需要时,就该给他活动和伸展躯体的自由,并且从早到晚都能提供真正的练习机会。这样,他就不会那么过于激动兴奋,以致急躁或无目的地喧哗吵闹。"

(三)"从做中学"的内涵

杜威认为在学校里,教学过程应该就是"做"的过程,教学应该从学生的现在生活经验出发,学生应该从自身活动中进行学习。"从做中学"实际上也就是从"活动中学"、从"经验中学"。把学校里知识的获得与生活过程中的活动联系起来,充分体现了学与做的结合,知与行的统一。"从做中学"是比从"听中学"更好的学习方法,在传统学校的教室里,一切都是有利于"静听"的,学生很少有活动的机会和地方,这样必然会阻碍学生的自然发展。

杜威的"做"或"活动",最简单的可以理解为"动手",学生身体上的许多器官,尤其是双手,可以看作通过尝试和思维来学得其用法的工具。更深一层次的理解可以上升为是与周围环境的相互作用。杜威从关系存在的视角审视人的生存状态,指出生命活动最根本的特质就是人与环境的水乳交融、相互依存的整体样式。人与自然、人与环境之间存在着本然的联系,一种契合关系,这种相互融通的关系的存在,是生命得以展开的自然前提。生命展开的过程是生命与环境相互维系的过程,这个过程离不开生命的"做与经受",即经验。

传统认识论意义上的经验是指主体感受或感知等纯粹的心理性主观事件,而杜威的"经验"内涵远远超出了认识论的界限,包括了整个生活和历史进程,这是对传统认识论经验概念的根本改造,突破了传统认识论中经验概念的封闭性、被动性,具有主动性和创造性的内涵,向着环境和未来开放。在杜威看来,"做与经受"是生命与环境之间的互动过程,是经验的展开历程。"经验"正如它的同义词生活和历史一样,既包括人们所从事与所承受的事,他们努力为之奋斗着的、爱着的、相信着与忍受着的东西,而且同时也是人们如何行为与被施与行为的,他们从事与承受、渴望与接受,观看、相信、想象着的方式。这就是杜威所说的"做与经受"。一方面,它表示生命有机体的承受与忍耐,不得不经受某种事物的过程;另一方面,这种忍受与经受又不完全是被动的,它是一种主动的"面对"，是一种"做"，是一种"选择"，体现着经验本身所包含的主动与被动的双重结构。杜威还强调，经验意味着生命活动，生命活动的展开置身于环境中，而且本身也是一种环境性的中介。何处有经验，何处便有生命存在；何处有生命，何处就保持有同环境之间的一种双重联系，经验乃是生命存在的基本方式。

经验，是生命在生存环境中的连续不断的探求，这种经验的过程、探求的过程是生命的自然样态。这个过程就是一种自然的学习过程——从"做中学"。"学习是一种生长方式""学习的目的和报酬是继续不断生长的能力"，是习性的建立和改善的过程。

（四）对杜威"从做中学"的辨析

1.在"从做中学"的活动中，学生的"做"并非是自发的、单纯的行动

"从做中学"的基本点是强调教学需要从学生已有的经验出发，通过他们的亲身体验，领会书本知识，通过"做"的活动，培养手脑并用的能力。

其中的"做"是沟通直接经验与间接经验的一种手段，是一种面对，一种选择，学生的"做"并非是盲目的。杜威指出："教育上的问题在于怎样抓住儿童活动并予以指导，通过指导，通过有组织的使用，它们必将达到有价值的结果，而不是散漫的或听任于单纯的冲动的表现。"在杜威领导的实验学校里，儿童们什么时候学习什么内容，都是经过周密的考虑、根据计划进行的，儿童"做"的内容大体包括纺纱、织布、烹饪、金工、木工、园艺等，与此相平行的还有三个方面的智力活动，即历史的或社会的研究、自然科学、思想交流，可见儿童并非单纯自发地做。

杜威强调，儿童学习要从实践开始，并非要儿童学习每个问题时都事必躬亲，更未否定学习书本知识，不仅如此，他更重视把实践经验与书本知识联系起来，被称为一门学科的知识，是从属于日常生活经验范围的那些材料中得来的，教育不是一开始就教学生活经验范围以外的事实和真相。

"在经验的范围内发现适合于学习的材料只是第一步，第二步是将已经学习到的东西逐步发展而更充实、更丰富、更有组织的形式，这是逐渐接近于提供给熟练的成人的那种教材的形式。"但是"没有必要坚持上述两个条件的第一个条件"。在杜威看来，如果儿童已经有了这类的经验，在教学中就不必再让他们从"做"开始，如果仍坚持这样做，就会"使人过分依赖感官的提示，丧失活动能力"。

2."从做中学"并非是只注重直接经验，不重视学习间接经验

杜威强调教学要从学生的经验开始，学习必须有自身的体会，但杜威并不忽视间接经验的作用，他对传统教育的批判不是反对传统教育本身，而是传统教育那种直接以系统的、分化的知识作为整个教育与课程的出发点的不当做法。杜威认为，系统知识既是经验改造的一个重要条件，又是经验改造所要达到的一个结果。无论如何，个人都应利用别人的间接经验，这样才能弥补个人经验的狭隘性和局限性。他说："没有一个人能

把一个收藏丰富的博物馆带在身边，所以，无论如何，一个人应能利用别人的经验，以弥补个人直接经验的狭隘性。这是教育的必要组成部分。可见，杜威认为间接经验的学习是十分重要的，是知识获得的重要源泉。他要求教材必须与学生的活动、经验相联系，并让学生通过"做"的活动领会教科书中的知识。所以，教材的编写要能反映出世界最优秀的文化知识，同时又能联系儿童生活，被儿童乐于接受。并且，还应提供给学生作为"学校资源"和"扩充经验的界限的工具"的资料性的读物，这样的读物是引导儿童的心灵从疑难通往发现的桥梁。

同时，杜威还认为在"做中学"的过程，除了有感性的知觉经验之外，也有抽象的思维过程。他认为"经验不加以思考是不可能的事。有意义的经验都是含有思考的某种要素"。"在经验中理论才有亲切地与可以证实的意义"，说明他的"经验"中包括理性的成分。

3，"从做中学"并不否定教师的主导作用

杜威教育思想的一个非常重要的特点就是，教育的一切措施要从儿童的实际出发，做到因材施教，以调动儿童学习的积极性和主动性，即"儿童中心论"。以儿童为中心就是要求教育方面的"一切措施"——教学内容的安排、方法的选用、教学的组织形式、作业的分量等，都要考虑到儿童的年龄特点、个性差异、能力、兴趣和需要，要围绕儿童的这些特点去组织、去安排。而这个"一切措施"的组织安排，主角便是教师。可见，杜威对传统教育那种"以教师为中心"的批评，并不摒弃教师指导作用的地位。在教学过程中，如何发挥教师和学生的积极性问题上，杜威坚持辩证的观点，他认为教师"应该是一个社会集团（儿童与青年的集团）的领导者，他的领导不以地位，而以他的渊博知识和成熟的经验。若说儿童享有自由之后，教师便应逊位而退处无权，那是愚笨的话。"有些学校里，不让教师决定儿童的工作或安排适当的环境，以为这是独断强制。不由教师决定，而由儿童决定，不过以儿童的偶然接触，代替教师智慧的计划而已。

教师有权为教师，正是因为他最懂得儿童的需要与可能，进而能够计划他们的工作。在杜威实验的进步学校里，儿童需要得到教师更多的指导，教师的作用不是减弱了，而是更重要了。教师是教学过程的组织者，发挥教师的主导作用与"以儿童为中心"并不矛盾。

二、构思、设计、实现、运作教育理念

为了应对经济全球化形势下产业发展对创新人才的需要，"从做中学"成为教育改革的战略之一。作为"从做中学"战略下的一种工程教育模式，构思、设计、实现、运作教育理念自 2010 年起，在以 MIT（麻省理工学院）为首的几十所大学操作实施以来，迄今已取得显著成效，深受学生欢迎，得到产业界高度评价。构思、设计、实现、运作教育理念对我国高等教育改革产生了深远的影响。

（一）构思、设计、实现、运作教育理念

构思、设计、实现、运作教育理念是基于工程项目全过程的学习，是对以课堂讲课为主的教学模式的革命。它是"从做中学"原则和"基于项目的教育和学习"的集中体现，它以产品研发到产品运行的生命周期为载体，让学生以主动的、实践的、课程之间具有有机联系的方式学习和获取工程能力。其中，构思包含顾客需求分析，技术、企业战略和规章制度的设计，发展理念的确立，技术程序和商业计划的制订；设计主要包括工程计划、图纸设计以及实施方案设计等；实施特指将设计方案转化为产品的过程，包括制造、解码、测试以及设计方案的确认；运行则主要是通过投入实施的产品对前期程序进行评估的过程，包括对系统的修订、改进和淘汰等。

构思、设计、实现、运作教育理念是在全球工程人才短缺和工程教育质量问题的时代背景下产生的。从 1986 年开始，美国国家科学基金会（NSF）逐年加大对工程教育研究的资助；美国国家研究委员会（NRC）、国家工程院（NAE）和美国工程教育学会（ASEE）纷纷展开调查和制定战略计划，积极推进工程教育改革；1993 年欧洲国家工程联合会启动了名为 EUR-ACE（European Accreditation of Engineering Programmes and Graduates）的计划，旨在成立统一的欧洲工程教育认证体系，指导欧洲的工程教育改革，以加强欧洲的竞争力。欧洲工程教育的改革方向和侧重点与美国一样：在继续保持坚实科学基础的前提下，强调加强工程实践训练，加强各种能力的培养；在内容上强调综合与集成（自然科学与人文社会科学的结合，工程与经济管理的结合）。同时，针对工科教育生源严重不足问题，美欧各国纷纷采取措施，从中小学开始，提高整个社会对工程教育的重视。正是在此背景下，MIT 以美国工程院院士 Ed.Crawlcy 教授为首的团队和瑞典皇家工Wallenberg 基金会近 1600 万美元巨额资助，经过 4 年探索创立构思、设计、实现、运作教育理念并成立 CDIO 国际合作组织。

在构思、设计、实现、运作教育理念国际合作组织的推动下，越来越多的高校开始引入并实施 CDIO 工程教育模式，并取得了很好的效果，在工程教育理念同样适合国内的工程教育，这样培养出来的学生，理论知识与动手实践能力兼备，团队工作和人际沟通能力得到提高，尤其受到社会和企业的欢迎。CDIO 工程教育模式符合工程人才培养的规律，代表了先进的教育方法。

（二）对构思、设计、实现、运作教育理念的解读与思考

构思、设计、实现、运作教育理念的概念性描述虽然比较完整地概括了其基本内容，但是还是比较抽象、笼统。其实，最能反映 CDIO 特点的是其大纲和标准。构思、设计、实现、运作教育理念模式的一个标志性成果就是课程大纲和标准的出台，这是 CDIO 工程教育的指导性文件，详细规定了 CDIO 工程教育模式的目标、内容以及具体操作程序。所以，要深刻领会 CDIO 的理念，在实践中创造性地加以运用，最好的办法就是对CDIO 的大纲和标准进行解读和深入地思考。

1. 构思、设计、实现、运作教育理念大纲的目标

构思、设计、实现、运作教育理念课程大纲的主要目标是"建构一套能够被校友、工业界以及学术界普遍认可的，未来年轻一代工程师必备的知识、经验和价值观体系"。提出系统的能力培养、全面的实施指导、完整的实施过程和严格的结果检验的12条标准。大纲的目标是让工程师成为可以带领团队，成功地进行工程系统的概念、设计、执行和运作的人，旨在创造一种新的整合性教育。该课程大纲对现代工程师必备的个体知识、人际交往能力和系统建构能力做出的详细规定，不仅可以作为新建工程类高校的办学标准，而且还能作为工程技术认证委员会的认证标准。

2. 构思、设计、实现、运作教育理念大纲的内容

构思、设计、实现、运作教育理念大纲的内容可以概述为培养工程师的工程，明确了高等工程教育的培养目标是未来的工程人才"应该为人类生活的美好而制造出更多方便于大众的产品和系统"。在对人才培养目标综合分析的基础上，结合当前工程学所涉及的知识、技能及发展前景，CDIO 大纲将工程毕业生的能力分为技术知识与推理能力、个人能力与职业能力和态度、人际交往能力、团队工作和交流能力。在企业和社会环境下构思—设计—实现—运行系统方面的能力（4个层面），涵盖了现代工程师应具有的科学和技术知识、能力和素质。大纲要求以综合的培养方式使学生在这4个层面达到预定目标。构思、设计、实现、运作教育理念大纲为课程体系和课程内容设计提供了具体要求。

为提升可操作性，构思、设计、实现、运作教育理念大纲对这4个层面的能力目标进行了细化，分别建立了相应的2级指标和3级指标。其中，个人能力、职业能力和态度是成熟工程师必备的核心素质，其2级指标包括工程推理与解决问题的能力（又包括发现和表述问题的能力、建模、估计与定性分析能力等5个3级指标）、实验和发现知识的能力、系统思维的能力、个人能力和态度、职业能力和态度等。同时，现代工程系统越来越依赖多学科背景知识的支撑，因此，学生还必须掌握相关学科的知识、核心工程基础知识、高级工程基础知识，并具备严谨的推理能力；为了能够在以团队合作为基础的环境中工作，学生还须掌握必要的人际交往能力，并具备良好的沟通能力；为了能够真正做到创建和运行产品/系统，学生还必须具备在企业和社会两个层面进行构思、设计、实施和运行产品/系统的能力。

构思、设计、实现、运作教育理念课程大纲实现了理论层面的知识体系、实践层面的能力体系和人际交往技能体系3种能力结构的有机结合。为工程教育提供了一个普遍适用的人才培养目标基准，同时它又是一个开放的、不断自我完善的系统，各个院校可结合自身的实际情况对大纲进行调整，以适合社会对人才培养的各方面需求。

3. 构思、设计、实现、运作教育理念标准解读

构思、设计、实现、运作教育理念的12条标准是一个对实施教育模式的指引和评

价系统，用来描述满足 CDIO 要求的专业培养。它包括工程教育的背景环境、课程计划的设计与实施、学生的学习经验和能力、教师的工程实践能力、学习方法、实验条件以及评价标准。在这 12 条标准中，标准 1，2，3，5，7，9，11 这 7 项在方法论上区别于其他教育改革计划，显得最为重要，另 5 项反映了工程教育的最佳实践，是补充标准，丰富了 CDIO 的培养内容。

标准 1：背景环境。

构思、设计、实现、运作教育理念是基于 CDIO 的基本原理，即产品、过程和系统的生命周期的开发与实现是适合工程教育的背景环境。由于它是一个可以将技术知识和其他能力的教、练、学融为一体的文化架构或环境。构思—设计—实现—运行是整个产品、过程和系统生命周期的一个模型。

标准 1 作为构思、设计、实现、运作教育理念的方法论非常重要，强调的是载体及环境和知识与能力培养之间的关联，而不是具体的内容，对于这一关联原则的理解正确与否关系到实施 CDIO 的成败。构思、设计、实现、运作教育理念模式当然要通过具体的工程项目来学习和实践，但得到的结果应当是从具体工程实践中抽象出来的能力和方法：不论选取什么样的工程实践项目开展 CDIO 教学，其结果都应当是一样的，最终都是一般方法的获得和通用能力的提高，而不是局限于该项目所涉及的具体知识。这就是"从做中学"的通识性本质。也就是说，计算机实践的重点在于获得通用能力和计算机专业素质的提高，而不是某一领域和项目中所涉及的具体知识。通识教育的关键是要培养学生的各种能力，也就是要培养学生获得学习、应用和创新的能力，而不仅仅是传统意义上的基础学科理论及相关知识，计算机教育要培养符合产业需要的具有通用能力和全面素质的计算机人才，其教学必须面向和结合计算机技术实践，能力的培养目标只有通过产学合作教育的机制和"从做中学"的方法才能真正实现。

标准 2：学习效果。

学习效果就是学生经过培养后所获得的知识、能力和态度。构思、设计、实现、运作教育理念教学大纲中的学习效果，详细规定了学生毕业时应学到的知识和应具备的能力。除了技术学科知识的要求之外，也详列了个人、人际能力，以及产品和系统建造能力的要求。其中，个人能力的要求侧重于学生个人的认知和情感发展；人际交往能力侧重于个人与群体的互动，如团队工作、领导能力及沟通。产品和系统建造能力则考察在企业、商业和社会环境下的关于产品、过程和工程系统的构思、设计、实现与运行、设置具体的学习效果有助于学生为未来发展奠定基础，学习效果的内容和熟练程度要通过主要利益相关者和组织的审查和认定。因此，构思、设计、实现、运作教育理念从产业的需求出发，在教学大纲的设计与培养目标的确定上，应与产业对学生素质和能力的要求逐项挂钩，否则教学大纲的设计将脱离产业界的需要，无法保障学生可获得应有的知识、技能和能力。

标准3：一体化课程计划。

标准3要求建立和发展课程之间的关联，使专业目标得到多门课程的共同支持。这个课程计划，不仅让学生学到相互支持的各种学科知识，还应能在学习的过程中同时获取个人、人际交往能力，以及产品、过程和系统建造的能力（标准2）。以往各门课程都是按学科内容设置，各自独立，彼此之间很少关联，这并不符合CDIO一体化课程的标准，按照工程项目全生命周期的要求组织教、学、做，就必须突出课程之间的关联性，围绕专业目标进行系统设计，当各学科内容和学习效果之间有明确的关联时，就可以认为学科间是相互支持的。一体化课程的设置要求，必须打破教师之间、课程之间的壁垒，在一体化课程计划的设计上发挥积极作用，在各自的学科领域内建立本学科同其他学科的联系，并给学生创造获取具体能力的机会。

标准4：工程导论。

导论课程通常是最早的必修课程中的一门课程，它为学生提供产品、过程和系统建造中工程实践所需的框架，并且引出必要的个人能力和人际交往能力，大致勾勒出一个工程师的任务和职责以及如何应用学科知识来完成这些任务。导论课程的目的是通过相关核心工程学科的应用来激发学生的兴趣、学习动机，为学生实现构思、设计、实现、运作教育理念教学大纲要求的主要能力发展提供一个较早的起步。

标准5：设计实现的经验。

设计实现的经验是指以新产品和系统的开发为中心的一系列工程活动。设计实现的经验按规模、复杂度和培养顺序，可分为初级和高级两个层次，其结构和顺序是经过精心设计的，以构思—设计—实现—运作为主线，规模、复杂度逐步递增，这些都会成为课程的一部分。因而，与课外科技活动不同，这一系列的工程活动要求每个学生都要参加，而不像是兴趣小组以自愿为原则。认识达到这样的高度，实训环节的安排便有据可查，并不是可有可无、可参加可不参加了。通过设计的项目实训，能够强化学生对产品、过程和系统开发的了解，更深入地理解学科知识。

当然，实践的项目最好来自产业第一线，因为来自一线的项目，包含更多的实际信息，如管理、市场、顾客沟通和服务、成本、融资、团队合作等，是企业真正需要解决的问题，可以让学生在知识和能力得到提高的同时，综合素质也同时得到提升。校企合作实施构思、设计、实现、运作教育理念、教学模式，必须开发和利用足够多的项目，才能保证大量学生的学习和训练。因此，除了"真刀真枪"的实战项目外，也可以采用一些企业做过的项目、学生自选的有意义的项目、有社会和市场价值的项目或其他来源的项目来设计一系列的工程活动，让学生在"做中学"。

标准6：工程实践场所。

工程实践场所，即学习环境，包含学习空间，如教室、演讲厅、研讨室、实践和实验场所等，这里提出的是学习环境设计的一个标准，要求能够做到支持和鼓励学生通过动手学习产品、过程和系统的建造能力，学习学科知识，并进行社会学习。也就是说，在实践场所和实验室内，学生不仅可以自己动手学习，也可以相互学习、进行团队协作。新的实践场所的创建或现有实验室的改造，应该以满足这一功能为目标，工程实践场所的大小取决于专业规模和学校资源。

标准 7：一体化学习经验——集成化的教学过程。

标准 2 和标准 3 分别描述了学习效果和课程计划，这些必须有一套充分利用学生学习时间的教学方法才能实现。一体化学习经验就是这样一种教学方法，旨在通过集成化的教学过程，培养学科知识学习的同时，培养个人、人际交往能力，以及产品、过程和系统建造的能力。这种教学方法要求把工程实践问题和学科问题相结合，而不是像传统做法那样，把二者断然分开或者没进行实质性的关联。例如，在同一个项目中，应该把产品的分析、设计，以及设计者的社会责任融入练习中同时进行。

这种教学方法要在规定的时间内实现双重的培养目标：获得知识和培养能力。更进一步的要求是教师既能传授专业知识，又能传授个人的工程经验，培养学生的工程素质、团队工作能力、建造产品和系统的能力，使学生将教师作为职业工程师的榜样。这种教学方法，可以更有效地帮助学生把学科知识应用到工程实践中去，为达到职业工程师的要求做好更充分的准备。

集成化的教学标准要求知识的传递和能力的培养都要在教学实践中体现，在有限的学制时间内，这就需要处理好知识量和工程能力之间的关系。

"从做中学"战略下的构思、设计、实现、运作教育理念模式，以"项目"为主线来组织课程，以"用"导"学"，在集成化的教学过程中，突出项目训练的完整性，在做项目的过程中学习必要的知识，知识以必须、够用为度，注重自学能力的培养和应用所学知识解决问题的能力。

标准 8：主动学习。

主动学习，即基于主动经验学习方法的教与学。主动学习方法就是让学生致力于对问题的思考和解决，教学上重点不在被动信息的传递上，而是让学生更多地从事操作、运用、分析和判断概念。例如，在一些讲授为主的课程里，主动学习可包括合作和小组讨论、讲解、辩论、概念提问以及学习反馈等。当学生模仿工程实践进行如设计、实现、仿真、案例研究时，即可看作是经验学习。当学生被要求对新概念进行思考并必须作出明确回答时，教师可以帮助学生理解一些重要概念的关联，让他们认识到该学什么，如何学，并能灵活地将这个知识应用到其他条件下。这个过程有助于提高学生的学习能力，并养成终身学习的习惯。

标准 9：提高教师的工程实践能力。

这一标准提出，一个构思、设计、实现、运作教育理念专业应该采取专门的措施，提高教师的个人能力、人际交往能力，以及产品、过程和系统建造的能力，并且最好是在工程实践背景下提高这种能力。教师要成为学生心目中职业工程师的榜样，就应该具备如标准 3，4，5，7 所列出的能力。

我们师资最大的不足是很多教师专业知识扎实，科研能力也很强，但缺乏实际工程经验和商业应用经验。当今技术创新的快速步伐，需要教师不断更新自己的工程知识和提高自己的能力，这样才能够为学生提供更多的案例，更好地指导学生学习与实践。

提高教师的工程实践能力，可以通过如下几个途径：①利用假期到公司挂职；②校企合作，开展科研和教学项目合作；③把工程经验作为聘用和提升教师的条件；④学校引入适当的专业开发活动。

教师工程能力的达标与否是实施构思、设计、实现、运作教育理念成败的关键，解决师资工程能力最为有效的途径是"走出去，请进来"校企合作模式。一方面，高校教师要到企业去接受工程训练、获得实际的工作经验；另一方面，学校要聘请有丰富工程背景经验的工程师兼职任教，使学生真正接触到当代工程师的榜样，获得真实的工程经验和能力。

标准 10：提高教师的教学能力。

这一标准提出，大学要有相应的教师进修计划和服务，采取行动，支持教师在综合性学习经验（标准 7）、主动和经验学习方法（标准 8）以及考核学生学习（标准 11）等方面的自身能力得到提高。构思、设计、实现、运作教育理念强调教学、学习和考核的重要性，要求必须提供充足的资源使教师在这些方面得到发展，如支持教师参与校内外师资交流计划，构建教师间交流实践经验的平台，强调效果评估和引进有效的教学方法，等等。

标准 11：学习考核——对能力的评价。

学生学习考核是对每个学生取得的具体学习成果进行度量。学习成果包括学科知识，个人、人际交往能力，产品、过程和系统建造能力（标准 2）等等。这一标准要求，构思、设计、实现、运作教育理念的评价侧重于对能力培养的考查。考核方法多种多样，包括笔试和口试，观察学生表现，评定量表，学生的总结回顾、日记、作业卷案、互评和自评等。针对不同的学习效果，配合相适应的考核方法，才能保证能力评价过程的合理性和有效性。例如，与学科专业知识相关的学习效果评价可以通过笔试和口试来进行；与设计—实现相关的能力的学习效果评价则最好通过实际观察记录来考察更为合适。采用多种考核方法以适合更广泛的学习风格，并增加考核数据的可考性和有效性，对学生学习效果的判定具有更高的可信度。

此外，除了考核方法要求多样之外，评价者也应是多方面的，不仅仅要来自学校教师和学生群体，也要来自产业界，因为学生的实践项目多从产业界获得，对学生实践能力的产业经验的评价，产业工程师的评价尤为重要。

构思、设计、实现、运作教育理念模式是能力本位的培养模式，本质上有别于知识本位的培养模式，其着重点在于帮助学生获得产业界所需要的各种能力和素质。因此，对各种能力和素质要给予客观准确的衡量，必须要有新的评价标准和方法，改变观念以适应构思、设计、实现、运作教育理念这种新的教育模式。

标准 12：专业评估。

专业评估是对构思、设计、实现、运作教育理念的实施进展和达到既定目标的一个总体判断，对照以上 11 条标准评估专业，并与继续改进为目的，向学生、教师和其他利益相关者提供反馈。专业总体评估的依据可通过收集课程评估、教师总结、新生和毕业生访谈、外部评审报告、跟进研究毕业生和雇主等，评估的过程也是信息反馈的过程，是持续改善计划的基础。

构思、设计、实现、运作教育理念的培养目标是符合国际标准的工程师，除了具备基本的专业素质和能力之外，还应具有国际视野，了解多元文化并有良好的沟通能力，能与不同地域、不同文化背景的同事共事。因此，联合国教科文组织产学合作教席提出了"做中学"、产学合作、国际化 3 个工程教育改革的战略，构思、设计、实现、运作教育理念作为"做中学"战略下的一种新的教育模式，很好地融汇了这 3 个战略的思想，虽然还有大量的理论和实践问题需要研究发展，但是在工程教育改革中已经显示出了强大的生命力。

第三节　计算机专业教学改革与研究的方向

当前，高校计算机人才的培养目标、培养模式、课程体系、教学方法、评价方式等无法适应业界的实际需求，专业教学改革势在必行。通过深入学习和领会杜威的"从做中学"教育思想和构思、设计、实现、运作教育理念的先进做法，借鉴国际、国内兄弟院校的教学改革实践经验，结合自身实际情况，我们确定了以下几个教学改革与研究方向。

一、适应市场需求，调整专业定位和培养目标

构思、设计、实现、运作教育理念的课程大纲与标准，对现代计算机人才必备的个体知识、人际交往能力和系统建构能力作出了详细规定，为计算机专业教育提供了一个普遍适用的人才培养目标基准，需要强调的是，这只是一个普遍的标准，是最基本的能力和素质要求。构思、设计、实现、运作教育理念模式是一个开放的系统，其本身就是通过不断的实证研究和实践探索总结出来的，并非一成不变。众所周知，麻省理工学院等世界一流名校，他们的构思、设计、实现、运作教育理念模式是培养世界顶尖的工程

人才，国内如清华大学等高校的 CDIO 模式改革也同样是针对顶尖工程人才培养的，是精英化的工程人才培养。社会需求是多样化的，不仅需要精英化的工程人才，还需要大众化的工程人才。职业院校应根据社会多样化的需求，结合本地的经济发展情况、学校自身的办学条件、生源特点，明确自己的专业定位和培养目标，只有专业定位和培养目标准确了，后面的教育教学改革才不会偏离方向，才能取得成效。

某科技大学地处经济欠发达的西部地区，学校所在地虽然经济总量位于全区域前茅，但与东部沿海发达地区的差距还是很大，IT 及相关产业的发展相对缓慢，起步低、规模小，企业对软件人才的要求更为现实，希望能招之即来，来之就能独当一面的高综合素质人才。一些职业院校的生源由于受教育条件和环境的限制，使得他们的视野不够开阔，对行业领域不大了解，更缺乏对专业学习的规划和认识，学什么、怎样学、将成为什么样的一个人、毕业后能去哪里、能做什么等更需要专业的引导与明示。

计算机软件产业的蓬勃发展，无疑需要大量的相关从业人员，产业的竞争对人才的能力和素质提出了更高的要求。据麦可思中国大学生就业课题研究内容显示，软件工程专业近几年的平均薪酬水平都位于前茅。东部及沿海地区对毕业生的人才吸引力指数为67.3%，中西部地区的人才吸引力指数则为 32.3%，所以就业流向大部分是东部和沿海地区，中西部地区吸引和保留人才的能力都较弱，属于人才净流出地区。

针对行业发展对人才能力素质的要求，根据本地经济发展状况和学校办学条件，经过深入研究和探讨，我们确定了职业院校计算机专业的办学定位：立足本省、面向全国，培养在生产一线从事计算机系统的设计、开发、运用、检测、技术指导、经营管理的工程技术应用型人才。麦可思的调查显示，大学毕业生对就学地有着较高的就业偏好。因此，我们应立足于本省，服务于地方经济，同时向全国，特别是长三角、珠三角地区输送软件工程技术人才。

对照构思、设计、实现、运作教育理念的能力层次和指标体系，我们制定出职业院校计算机专业的培养目标：培养具有良好的科学技术与工程素养，系统地掌握软件工程的基本理论、专业知识和基本技能与方法，受到严格的软件开发训练，能在软件工程及相关领域从事软件设计、产品开发和管理的高素质专门人才。

经过 3 年的学习培养，学生应该具有高尚的人格素质和终身多元的学习精神，具备务实致用的专业能力和开拓创新的竞争力，能成为适应产业需求的建设人才。随着高新技术的不断涌现，应用型技术人才培养目标必须通过市场调研，不断进行更新和调整，但万变不离其宗——能力和素质的提高。

二、修订专业培养计划，改革课程设置，更新教学内容

专业培养计划是人才培养的总体设计和实施蓝图，它根据人才培养目标和培养规格，

明确了知识结构和能力要求，设置了专业要求的课程体系，是专业教育改革的核心问题，对提高教育质量，培养合格人才有着举足轻重的作用。

近年来，软件工程的飞速发展，使软件工程理论和技术不断更新，高校培养计划和课程体系不能适应这种变化的矛盾日益突出，因此高校人才培养方案的制定和调整必须以业界对人才培养的需求作为重要的依据，分析研究市场对软件人才的层次结构、就业去向、能力与素质等方面的具体要求，以及全球化和市场化所导致的人才需求走向等，以能力要求为出发点，以"必须、够用为度"，并兼顾一定的发展潜能，合理确定知识结构，面向学科发展，面向市场需求、面向社会实践修订专业培养计划。

课程设置必须跟上时代步伐，教学内容要能反映出软件开发技术的现状和未来发展方向。职业院校计算机专业的课程设置，重基础和理论，学科知识面面俱到，不能体现出应用型技术人才培养的特点。因此，作为相关的专业教师，必须及时了解最新的技术发展动态，把握企业的实际需求，汲取新的知识，明确该开设什么课程、不应开设什么课程，对教材的选用应以学用结合为着眼点，结合实际需要选择。对于原培养计划中不再适应业界发展要求的课程要及时修改，对于一些新思维、新技术、新运用的内容，要联合业界，加大课程开发，不断地更新完善课程体系。

在构思、设计、实现、运作教育理念理论框架下完善职业院校计算机专业培养计划的内容，合理分配基础科学知识、核心工程基础知识和高级工程基础知识的比重，设计出每门课程的具体可操作的项目，以培养学生的各种能力并非易事，正如标准3一体化的课程计划部分所述，不仅让学生学到相互支持的各种学科知识，还应能在学习的过程中同时获取个人、人际交往能力，以及产品、过程和系统建造的能力。对培养计划和课程设置，必须深入地研究和探讨。

需要注意的是，在强调工程能力重要性的同时，构思、设计、实现、运作教育理念并不忽视知识的基础性和深度要求。构思、设计、实现、运作教育理念课程大纲所列的培养目标既包括专业基础理论，又包括实践操作能力；既包括个体知识、经验和价值观体系，又包括团队合作意识与沟通能力，体现出典型的通识教育价值理念。此外，应用型技术人才还应当具有广泛的国际视野。通识教育是学生保持职业生涯发展后劲的基础，专业教育是学生保持职场竞争力的根本保证。

三、改进教学方法，创建"主导一主体"的教学模式

传统的课堂教学，以教师为中心，以教材讲授为主，学生被动接受知识，抹杀了学生学习的自主性和创造性。基于对杜威"从做中学"教育思想的理解，传统的教学方法必须改变，师生关系必须进行重构建。

在"从做中学"教育思想指导下的构思、设计、实现、运作教育理念模式，强调的

是教学应该从学生的现有生活经验出发,从自身活动中进行学习,教学过程应该就是"做"的过程。教育的一切措施要以学生从学生的实际出发,做到因材施教,以调动学生学习的积极性和主动性,即"以学为中心"。

构思、设计、实现、运作教育理念是基于工程项目全过程的学习,这个全过程要围绕学生的学展开,为学生创建主动学习的情境,促进主动学习行为的发生。在发挥学生主动性的同时,"从做中学"并非否定教师的指导作用。相比传统课堂,师生关系、课堂民主都要发生重大的变化。

以学生为中心的"从做中学",是学生天然欲望的表现和真正兴趣所在,符合个体认知发展的规律,有利于构建和谐民主的师生关系,更能促进学习的发生。如何把这种教育理念转换为教育实践,关键是对两个问题的理解,一是如何诠释"以学生为中心",二是何谓"教学民主"。

以学生为中心,不能笼统提及、泛泛而谈,这样不利于深入认识,也不利于实际操作,需要进一步明确以"学生的什么"为中心?杜威的以学生为中心,具体地讲是以学生的需要,特别是根本需要为中心,对大学生来说,他们的根本需要在于增进知识,提高能力和素质。以学生的根本需要为中心,那么"中心"二字又如何理解?从传统的以教师为中心到以学生为中心,高等教育的思想观念发生了重大变化,但是这个"中心"概念的转换常常引发一些操作上的误区。"从做中学"饱受一些人的诟病,实际上,这是对杜威教育思想认识不到位的缘故。"中心"关系的确立,是教学过程中师生关系的重新确定,涉及另外一个概念——教学民主。

表面上看,教学民主无非是师生平等。然而,教学民主的真正核心在于学术民主,而不是教学过程中师生之间的社会学含义的民主,民主在教学中的具体指向就是学术。师生之间在学术地位上存在天然的不平等,因此在教学过程中的学术民主强调的是一种学术民主氛围的构建。

传统的课堂上,教师不仅是教学过程的控制者、教学活动的组织者、教学内容的制订者和学生学习成绩的评判者,而且是绝对的权威,这种师生关系形成不了教学民主的氛围。因此,教师要转变角色,从课堂的传授者转变为学习促进者,由课堂的管理者转变为学习的引导者,由居高临下的权威转向"平等中的首席"专家。这样一种教学民主氛围,有利于发挥教师的指导作用,又能充分发挥学生的主体作用。这就是"主导—主体"的教学模式。

四、改革教学实践模式,注重实践能力的培养

构思、设计、实现、运作教育理念的实践就是"从做中学",做"什么"才能让学生学到知识,获得能力的提升,这就需要改革教学实践模式,优化整合实践课程体系。

实践教学是整个教学体系中一个非常重要的环节，是理论知识向实践能力转换的重要桥梁。以往的实践课程体系，也认识到实践的重要性，但由于没有明确的改革指导思想，实践教学安排往往不能落实到位，大多数停留在验证性的层次上，与构思、设计、实现、运作教育理念的标准要求相差甚远。切实有效的实践教学体系，应根据构思、设计、实现、运作教育理念，将实验环节与计算机专业的整个生命周期紧密结合起来，参考构思、设计、实现、运作教育理念工程教育能力大纲的内容，以培养能力为主线，把各个实践教学环节，如实验、实习、实训、课程设计、毕业设计（论文）、大学生科技创新、社会实践等，通过合理的配置，以项目为载体，将实践教学的内容、目标、任务具体化。在实际操作的过程中，可将案例项目进行分解，根据通识教育、专业理论学习、专业操作技能和技术适应能力4个层次，由简单到复杂，由验证到应用，从单一到综合，由一般到提高，从提高到创新，循序渐进地安排实践教学内容，依次递进，3年不间断地进行。合理配置、优化整合实践教学体系是一个复杂的过程，并非易事，需要在实践中不断地探索，也是职业院校计算机专业教育教学改革的重点和难点。

五、转变考核方式，改革考试内容，建立新的评价体系

专业教育教学改革的宗旨是培养综合素质高、适应能力强及业界需求的人才。构思、设计、实现、运作教育理念对能力结构的4个层次进行了细致的划分，涵盖了现代工程师应具有的科学和技术知识、能力和素质，所以主张用不同的方式对不同的能力进行考核。针对不同类别的课程，结合构思、设计、实现、运作教育理念，设计考核与评价模型，建立多样化的考核方式，来实现对学生的自学能力、交流与沟通能力、解决问题能力、团队合作能力和创新能力等进行考核与评价。这些考核方式和评价模型的科学性、合理性是专业教育教学改革需要深入研究的一个方向。

考试内容是学生学习的导向，不能让学生出现重理论、轻实践或重实践、轻理论的两极倾向。因此，在考试内容上，不要求考核课程的基本理论、基本知识、基本技能的掌握情况，而且还要考核学生发现问题、分析问题、解决问题的综合能力和综合素质；在考试形式上，可以采取多种多样的方式进行，一切以能全面衡量学生知识掌握和能力水平为基准，使学生个性、特长有更大的发挥余地。例如，采取作业、综合作业、闭卷等多种方式，除了有理论考试，也要有实践型的机试，还可以以学生提交的作品为考核依据，建立以创造性能力考核为主，常规测试和实际应用能力与专业技术测试相结合的评价体系，促进学生创新能力的发展。

考什么，如何考？作为学生专业学习的终端检测，从某种意义上讲比教什么内容更为重要，因此一定要把好考核质量关，不能让一些考核方式只流于形式，影响学风建设。多年来，专业课教学大多数是由任课教师自己出题自己考核，内容和方式有比较大的随

意性，教学效果与教师自己有很大关系，因而教学质量的高低很大程度上取决于教师的责任心。如何建立一套课程考核与评价的监督机制又是一个值得深入思考的问题。

第四节　计算机专业教学改革研究策略与措施

杜威的"从做中学"教育思想，为计算机专业教育改革解决了一个方法论的问题，在这个方法论基础上的构思、设计、实现、运作教育理念，为计算机教育改革的目标、内容以及操作程序提供了切实可行的指导意见。在推进专业的教育教学改革研究过程中，我们解放思想，放下包袱，结合实际情况，制定和落实各项政策和措施，为专业改革取得成效提供了保障。基于构思、设计、实现、运作教育理念模式的职业院校计算机专业的教育教学改革研究，是我们对各项教学工作进行梳理、反思和改进的一个过程。

一、更新教育理念，坚定办学特色

任何改革的成功都是从理念革新开始的，人才培养模式的改革和实践是教育思想和教育观念深刻变革的结果。经过组织学习，要求每一个参与者都要准确把握教学改革所依据的教育思想和理念，明确改革的目的和方向，坚定信念，这样才保证改革持续深入地开展。

构思、设计、实现、运作教育理念模式的大工程理念，强调密切联系产业，培养学生的综合能力，明确实现培养目标最有效的途径就是"从做中学"，即基于项目的学习，在这种学习方式中，学生是学习的主体，教师是学习情境的构造者，是学习的组织者、促进者，并作为学习的重要伙伴，随时提供给学生学习帮助。教学组织和策略都发生了很大的变化，要求教师要有更高的专业知识和丰富的工程背景经验。构思、设计、实现、运作教育理念不仅强调工程能力的培养，还强调通识教育的重要性，"从做中学"的"做"，并非放任自流，而是需要更有效的设计与指导，强调"从做中学"，并不忽视"经验"的学习，也就是要处理好专业与基础、理论与实践的关系。只有清楚地认识到这些，教学改革才不会偏离既定的轨道。

随着我国高等教育的发展，各类高等教育机构要形成明确合理的功能层次分工。地方职业院校应回归工程教育，坚持为地方经济服务，培养高级应用技术人才，在"培养什么样的人"和"怎样培养人"的问题上做出文章，办出特色。

二、完善教学条件，创造良好育人环境

在应用计算机专业的建设过程中，结合创新人才培养体系的有关要求，紧密结合学科特点，不断完善教学条件。

（1）重视教学基本设施的建设。多年来，通过合理规划，积极争取到学校投入大量资金，用于新建实验室和更新实验设备、建设专用多媒体教室、学院专用资料室。实验设备数量充足，教学基本设施齐全，才能满足教学和人才培养的需要。

（2）加强教学软环境建设。在现有专业实验教学条件的基础上，加大案例开发力度，引进真实项目案例，建立实践教学项目库，搭建课程群实践教学环境。

（3)扩展实训基地建设范围和规模，办好"校内""校外"实训基地，搭建大实训体系，形成"教学—实习—校内实训—企业实训"相结合的实践教学体系。

（4）加强校企合作，多方争取建立联合实验室，促进业界先进技术在教学中的体现，促进科研对教学的推动作用。

三、建立课程负责人制度，全方位推进课程建设和教材建设

本着夯实基础、强化应用，根据培养目标要求，在构思、设计、实现、运作教育理念大纲的指导下，以学生个性化发展为核心，以未来职业需求为导向，大力推进课程建设和教材建设。针对计算机科学与技术专业所需的基础理论和基本工程应用能力，根据前沿性和时代性的要求，构建统一的公共基础课程和专业基础课程，作为专业通识教育学生必须具备的基本知识结构，为专业方向课程模块提供有效支撑，为学生后续学习各专业方向打下坚实的基础。

教材内容要紧扣专业应用的需求，改变"旧、多、深"的状况，贯穿"新、精、少"的原则，在编排上要有利于学生自主学习，着重培养学生的学习能力。一些院校为集中教学团队的师资优势，启动课程建设负责人项目，对课程建设的具体内容、规范做出明确要求，明确了课程建设的职责和经费投入。这些有益经验值得我们借鉴和学习。

四、加强教学研讨和教学管理，突出教法研究

教育教学改革各项政策与措施最终的落脚点在常规的课堂教学上，因此，加强教学研讨和教学管理，是解决教学问题、保证教学质量的根本途径。

定期召开教学研讨会，组织全体教师讨论制订课程教学要点，研究教学方法，针对教学中存在的突出问题，集思广益，解决问题。对于新担任教学任务的教师或者是新开设的课程，要求在开学之初必须面向全体教师进行教学方案的介绍，大家共同探讨，共同提高。教学研讨的内容围绕教材、教学内容的选择、教学组织策略的制订等而展开，突出教法研究。

加强教学管理和制度建设，逐步完善学校、学院、教研室三级教学管理体系，并建立教学过程控制与反馈机制。本学校以国家和教育部相关法律、法规为依据，围绕教师

培训制度、教学管理制度、教学质量检查与评价制度、学生学籍管理制度以及学位评定制度等制定了一系列文件，并针对教学管理中出现的新情况、新问题，对教学管理相关文件及时进行修订、完善和补充。教研室主任则具体负责每一门学科的落实情况，把各项规章制度贯穿到底。教学督导组常规的教学检查，每学期都要进行的教学期中检查，学生评教活动等有效地保证教学过程的控制，及时获取教学反馈，以便实时调整和改进。这些制度和措施，有效地保证了教学秩序的正常开展和教学质量提高。

五、加强教师实践能力培养，提高教师专业素质

要实现培养高质量计算机专业应用型人才的目标，应该以现任专业教师为基础，建立一支素质优良、结构合理的"双师型"师资队伍。除了不拘一格引进或聘用具有丰富工程经验的"双师型"教师之外，我们同时还采取有力措施，鼓励和组织教师参加各类师资培训、学术交流活动，努力提高师资队伍的业务水平和工程能力，不断更新和拓展计算机专业知识，提高专业素养。鼓励教师积极关注学校发展过程中与计算机相关项目的实施，积极争取学校支持，尽可能把这些与计算机相关的项目放在学校内部立项、实施。这些可以为老师和学生提供一次实践锻炼的机会，降低计算机软件开发成本，方便计算机软件的维护。

另外，还要有计划地安排教师到计算机软件企业实践，了解行业管理知识和新技术发展动态，积累软件开发经验，努力打造"双师型"教师队伍。教师们应将最新的计算机软件技术和职业技能传授给学生，指导学生进行实践，这样才能培养学生实践创新能力。

六、深度开展校企合作，规范完善实训工作的各项规章制度

近年来，一些职业院校积极开展产学合作、校企合作，充分发挥企业在人才培养上的优势，共同合作培养合格的计算机应用型技术人才。学校根据企业需求调整专业教学内容，引进教学资源，改革课程模块，使用案例化教材，开展针对性人才培养；企业共同参与制定实践培养方案，提供典型应用案例，选派具有软件开发经验的工程师指导实践项目；由企业工程师开设职业素养课，帮助学生了解行业动态，拓宽专业视野，提高职业素养，树立正确的学习观和就业观。与企业共建实习基地，让学生感受企业文化，使学生把所学的知识与生产实践相结合，获得工作经验，实现从学生到员工的角色过渡，企业从中培养适合自己的人才。

在与企业进行深度合作的过程中，各种各样的、预想到的和未预想到的事情都可能发生，为保证实训质量正常持续地开展下去，防患于未然，一些职业院校特别成立软件

实训中心，专门负责组织和开展实训工作，制定和规范完善各项实训工作的规章制度，如《软件工程实训方案》《学院实训项目合作协议》《软件工程专业应急预案》《毕业设计格式规范》等，就连巡查情况汇报、各种工作记录登记表等都做了规范要求。这些制度和规范的出台，为校企合作，深入开展实训工作，保证实训效果，培养工程型高素质人才起到了保驾护航的作用。

第三章　计算机专业课程改革与建设

计算机专业相对于冶金、化工、机械等传统专业来说是一个比较新的专业，也是目前社会需求比较大的一个专业。但由于知识结构不完全稳定、专业内容变化快、新的理论和技术不断涌现等原因，使得计算机专业具有十分独特的一面：知识更新快。也许正因为如此，本专业的学生在经过3年的学习后，有一部分知识在毕业时就会显得有些过时，进而导致学生难以快速适应社会的要求，难以满足用人单位的需要。

目前，从清华、北大等重点大学到一般的地方工科院校，几乎都开设了计算机专业，甚至只要是一所学校，不管什么层次，都设有计算机类的专业。由于各校的师资力量、办学水平和能力差别很大，因此培养出来的学生的规格档次自然也不一样。纵观我国各高校计算机专业的教学计划和教学内容不难发现，几乎所有高校的教学体系、教学内容和培养目标都差不多，这显然是不合理的，各个学校应针对自身的办学水平进行目标定位和制订相应的教学计划、确定教学体系和教学内容，并形成自己的办学特色。

职业院校作为培养应用型人才的主要阵地，其人才培养应走出传统的"精英教育"办学理念和"学术型"人才培养模式，积极开拓应用型教育，培养面向地方、服务基层的应用型创新人才。计算机专业并非要求知识的全面系统，而是要求理论知识与实践能力的最佳结合，根据经济社会的发展需要，培养大批能够熟练运用知识、解决生产实际问题、适应社会多样化需求的应用型创新人才。基于此，根据职业院校的办学特点，结合社会人才需求的状况，一些职业院校对计算机专业的人才培养进行了重新定位，并调整培养目标、课程体系和教学内容，以培养出适应市场需求的应用型技术人才。

第一节　人才培养模式与培养方案改革

随着社会主义市场经济制度的不断完善和我国科技文化的快速发展，社会各行各业需要大批不同规格和层次的人才。高等教育教学改革的根本目的是"为了提高人才培养的质量，提高人才培养质量的核心就是在遵循教育规律的前提下，改革人才培养模式，使人才培养方案和培养途径更好地与人才培养目标及培养规格相协调，更好地适应社会的需要"。

所谓"人才培养模式"，就是造就人才的组织结构样式和特殊的运行方式。人才培养模式包括人才培养目标、教学制度、课程结构和课程内容、教学方法和教学组织形式、校园文化等诸多要素。人才培养没有统一的模式。就大学组织来说，不同的大学，其人才培养模式具有不同的特点和运行方式。社会主义市场经济的发展要求高等教育能培养更多的应用型人才。所谓"应用型人才"是指能将专业知识和技能应用于所从事的专业社会实践的一种专门的人才类型，是熟练掌握社会生产或社会活动一线的基础知识和基本技能，主要从事一线生产的技术或专业人才。

应用型人才培养模式的具体内涵是随着高等教育的发展而不断发展的，"应用型人才培养模式是以能力为中心，以培养技术应用型专门人才为目标的"。应用型人才培养模式是根据社会、经济和科技发展的需要，在一定的教育思想指导下，人才培养目标、制度、过程等要素特定的多样化组合方式。

从教育理念上讲，应用型人才培养应强调以知识为基础，以能力为重点，知识能力素质协调发展。具体培养目标应强调学生综合素质和专业核心能力的培养。在专业方向、课程设置、教学内容、教学方法等方面都应以知识的应用为重点，具体体现在人才培养方案的制定上。

人才培养方案是高等学校人才培养规格的总体设计，是开展教育教学活动的重要依据。随着社会对人才需要的多元化，高等学校培养何种类型与规格的学生，他们应该具备什么样的素质和能力，主要取决于学校所制定的培养方案，并通过教师与学生的共同实践来完成。随着高等教育教学改革的不断深入，人才培养的方法、途径、过程都在悄然变化，各校结合市场需要规格的变化，都在不断调整培养目标和培养方案。

传统的、单一的计算机科学与技术专业厚基础、宽口径教学模式，实际上适合于精英式教育，与现代多规格人才需求是不相适应的。随着信息化社会的发展，市场对计算机专业毕业生的能力素质需求是具体的、综合的、全面的，用人单位更需要的是与人交流沟通能力（做人）、实践动手能力（做事）、创新思维及再学习能力（做学问）。同时，以创新为生命的 IT 业，可能比所有其他行业对员工的要求更需要创新、更需要会学习。IT 技术的迅猛发展，不可能以单一技术"走遍江湖"，只有与时俱进，随时更新自己的知识，才能有竞争力，才能有发展前途。

计算机专业应用型人才培养定位于在生产一线从事计算机应用系统的设计、开发、检测、技术指导、经营管理的工程技术型和工程管理型人才。这就需要学生具备基本的专业知识，能解决专业一般问题的技术能力，具有沟通协作和创新意识的素养。

为适应市场需求，实现培养目标，某职业院校提出人才培养方案优化思路：以更新教学理念为先导，以培养学生获取知识、解决问题的能力为手段，以多元化、增量式学习评价为保障，以学生知识、能力、素质和谐发展，成为社会需要的合格人才为目的。

基于以上优化思路，在有企业人士参与评审、共建的基础上，某职业院校从几个方面对计算机专业的人才培养方案进行了改革。

一、科学地构建专业课程体系

从社会对计算机专业人才规格的需求入手，重新进行专业定位、划分模块、课程设置；从全局出发，采取自顶向下、逐层依托的原则，设置选模块课程体系、专业基础课程，确保课程结构的合理支撑；整合课程数，或查漏补缺，或合并取精，优化教学内容，保证教学内容的先进性与实用性；合理安排课时与学分，充分体现课内与课外、理论与实践、学期与假期、校内与校外学习的有机融合，使学生获得自主学习、创新思维、个性素质等协调发展的机会。

（一）设置了与人才规格需求相适应的、较宽泛的选修课程平台

通过大量选修课程来提供与市场接轨的训练平台，为学生具备多种工作岗位的素质要求打下基础。如软件外包、行业沟通技巧、流行的 J2EE、NET 开发工具、计算机新技术专题等。

（二）设置了人才需求相对集中的 5 个专业方向

①软件开发技术（C/C++ 方向）；②软件开发技术（JAVA 方向）；③嵌入式方向；④软件测试方向；⑤数字媒体方向。每一方向有 7 门课程，自成体系，方向分流由原来的 3 年级开始，提前到 2 年级下学期，以提高学生的专业意识，提高专业能力。

（三）更新了专业基础课程平台

去冗取精，适当减少了线性代数、概率与数理统计等数学课程的学分，要求教学内容与专业后续所需相符合；精简了公共专业基础课程平台，将部分与方向结合紧密的基础课程放入了专业方向课程之中。例如，电子技术基础放入了嵌入式技术模块；增加了程序设计能力培养的课程群学分，如程序设计基础、数据结构、面向对象程序设计等。从学分与学时上减少了课堂教学时间，增大了课外自主探索与学习时间，以便更好地促进学生自主学习、合作讨论和创新锻炼。

二、优化整合实践课程体系，以培养学生专业核心能力为主线

根据当地发展对计算机专业学生能力的需求来设计实践类课程。为了更好地培养学生专业基本技能、专业实用能力及综合应用素质，在原有的实践课程体系基础上，除了加大独立实训和课程设计外，上机或实验比例大大增加，仅独立实践的时间就达到 46 周，加上课程内的实验，整个计划的实践教学比例高达 45% 左右。而且在实践环节中强调以综合性、设计性、工程性、复合性的"项目化"训练为主体内容。

三、重新规划素质拓展课程体系

素质拓展体系是实践课程体系的课外扩充，目的是培养学生参与意识、创新能力、竞争水平。在原有的社会实践、就业指导基础上，结合专业特点，设计了依托学科竞赛和专业水平证书认证的各种兴趣小组和训练班，如全国软件设计大赛训练班、动漫设计兴趣小组、多媒体设计兴趣班、软件项目研发训练梯队等，为学生能够参与各种学科竞赛、获取专业水平认证、软件项目开发等提供平台，为学生专业技术水平拓展、团队合作能力训练、创新素质培养提供了机会。

人才培养方案制定后，如何实施是关键。为了保证培养方案能够有效实施，要加强以下几方面的保障。

（一）加强师资队伍建设

培养高素质应用型人才，首先需要培养高素养、"双师型"的师资队伍。教师不仅要能传授知识，能因材施教，教书育人，还要具有较强的工程实践能力，通过参加科研项目、工程项目，以提高教育教学能力。为此，学校、学院制定了一系列的科研与教学管理规章制度和奖励政策，积极组建学科团队、教学团队及项目组，加强教师之间的合作，激励其深入学科研究、推动教学改革。

（二）注重课程及课程群建设的研究

课程建设是教学计划实施的基本单元，主要包括课程内容研究、实验实践项目探讨、课程网站及资源库建设、教材建设等。目前，基于区、校级精品课程与重点课程的建设，已经对计算机导论、程序设计基础、数据结构、数据库技术、软件工程等基础课程实施研究，以课程或课程群为单位，积极开展研究研讨活动，形成了有实效、能实用的教学内容、实验和实践项目，建设了配套资源库和课程网站，建设多种版本的教材，包括有区级重点建设教材。下一步由基础课程向专业课程推进，促进专业所有相关课程或课程群的建设研究。

（三）改革教学组织形式与教学方法

传统的以课堂为教学阵地，以教师为教学主体的教学组织形式，与信息时代的教育规律不同步。课堂时间是短暂的，教师个人的知识是有限的，要想掌握蕴涵大量学科知识的信息技术，只有学习者积极参与学习过程，养成自主获取知识的良好习惯，通过小组合作讨论发现问题、解决问题、提高能力，即合作性学习模式。本专业目前已经在计算机导论、软件工程等所有专业基础课、核心课中实施了合作式的教学组织形式，师生们转变了教学理念，积极参与教学过程，多方互动，教学相长，所取得的经验正逐步推广到专业其他课程中去。

（四）加强实践教学，进一步深化"项目化"工程训练

除了必备的基本理论课以外，所有专业课程都有配套实验，而且每门实验必须有综合性实验内容。结合课程实验、课程设计、综合实训、毕业实习、毕业设计等，形成了基于能力培养的有效的实践课程体系。依托当地新世纪教育教学改革项目的建设，大部分实践课程实施了"项目化"管理，引入了实际工程项目为内容，严格按照项目流程运作和管理，学生不仅将自己的专业知识应用到实际，而且得到了"真实"岗位角色的训练，团队合作、与用户沟通的真实体验，而且收获了劳动成果。

（五）构建多元化评价机制

基于合作性学习模式的评价机制，是多元评价主体之间积极的相互依赖、面对面的促进性互动、个体责任、小组技能的有机结合。具体体现在学生自我评价、小组内部评价、教师团队评价、项目用户评价等，注重参与性、过程性，具有增量式、成长性，是因材施教、素质教育的保障。这种评价方式已经在本专业所有"项目化"训练的实践课程中、在基于合作式学习课程中实施。通过学生反馈信息表明，这种评价方式比传统的、单一的知识性评价更科学合理，他们不仅没有了应付性的投机取巧心理，而且对学习有兴趣、主动参与，学习能力和综合素质自然就提高了。这种评价机制正逐步在所有课程中推广应用。

第二节　课程体系设置与改革

一、课程体系的设置

课程体系设置得科学与否，决定着人才培养目标能否实现。如何根据经济社会发展和人才市场对各专业人才的真实要求，科学合理地调整各专业的课程设置和教学内容，建构一个新型的课程体系，一直是我们努力探索、积极实践的核心。各高校计算机专业将课程体系的基本取向定位为强化学生应用能力的培养和训练。某高等院校借鉴国内外名校和兄弟院校课程体系的优点，重新设计该校计算机专业的课程体系。

本专业的课程设置体现了能力本位的思想，体现了以职业素质为核心的全面素质教育培养，并贯穿于教育教学的全过程。教学体系充分反映职业岗位资格要求，以应用为主旨和特征构建教学内容和课程体系；基础理论教学以应用为目的，以"必须、够用"为度，加大实践教学的力度，使全部专业课程的实验课时数达到该课程总时数的30%以上；专业课程教学加强针对性和实用性，教学内容组织与安排融知识传授、能力培养、素质教育于一体，针对专业培养目标，进行必要的课程整合。

（一）遵循 CCSE 规范要求按照初级课程、中级课程和高级课程部署核心课程

①初级课程解决系统平台认知、程序设计、问题求解、软件工程基础方法、职业社会、交流组织等教学要求，由计算机学科导论、高级语言程序设计、面向对象程序设计、软件工程导论、离散数学、数据结构与算法等6门课程共同组成。②中级课程解决计算机系统问题，由计算机组成原理与系统结构、操作系统、计算机网络、数据库系统4门课程组成。③高级课程解决软件工程的高级应用问题，由软件改造、软件系统设计与体系结构、软件需求工程、软件测试与质量、软件过程与管理、人机交互的软件工程方法、统计与经验方法等内容组成。

（二）覆盖全软件工程生命周期

①在初级课程阶段，把软件工程基础方法与程序设计相结合，体现软件工程思想指导下的个体和小组级软件设计与实施。②在高级课程阶段，覆盖软件需求、分析与建模、设计、测试、质量、过程、管理等各个阶段，并将其与人机交互的领域相结合。

（三）以软件工程基本方法为主线改造计算机科学传统课程

①把从数字电路、计算机组成、汇编语言、I/O例程、编译、顺序程序设计在内的基本知识重新整合，以 C/C++ 语言为载体，以软件工程思想为指导，设置专业基础课程。②把面向对象方法与程序设计、软件工程基础知识、职业与社会、团队工作、实践等知识融合，统一设计软件工程及其实践类的课程体系。

（四）改造计算机科学传统课程以适应软件工程专业教学需要

除离散数学、数据结构与算法、数据库系统等少量课程之外，进行了如下改革：

①更新传统课程的教学内容，具体来说：精简操作系统、计算机网络等课程原有教学内容，补充系统、平台和工具；以软件工程方法为主线改造人机交互课程；强调统计知识改造概率统计为统计与经验方法。

②在核心课程中停止部分传统课程，具体来说：消减硬件教学，基本认知归入"计算机学科导论"和"计算机组成原理与系统结构"（对于嵌入式等方向针对课程群予以补充强化）；停止"编译原理"，基本认知归入计算机语言与程序设计，基本方法归入软件构造；停止"计算机图形学"（放入选修课）；停止传统核心课程中的课程设计，与软件工程结合归入项目实训环节。

（五）课程融合

把职业与社会、团队工作、工程经济学等软技能知识教学与其他知识教育相融合，归入软件工程、软件需求工程、软件过程与管理、项目实训等核心课程。

（六）强调基础理论知识教学与企业需求的辩证统一

基础理论知识教学是学生具有可持续发展的自学能力的基本保障，是软件产业知识快速更新的现实要求，对业界工作环境、方法与工具的认知是学生快速融入企业的需要。因此，课程体系、核心课程和具体课程设计均须体现两者融合的特征，在强化基础的同时，有效融入企业界主流技术、方法和工具。

在现有的基础上，进一步完善知识、能力和综合素质并重的应用型人才的培养方案，引进、吸收国外先进教学体系，适应国际化软件人才培养的需要。创新课程体系，加强教学资源建设，从软硬两方面改善教学条件，将企业项目引进教学课程。加大实践教学学时比例，使实验、实训比例达到 1/3 以上，以项目为驱动实施综合训练。

二、课程体系的模块化

在本专业的课程体系建设中，根据就业需求和计算机专业教育的特点，打破传统的"三段式"教学模式，建立了由基本素质教育模块、专业基础模块和专业方向模块组成的模块化课程体系。

（一）基本素质模块

基本素质模块涵盖了知法守法用法能力、语言文字能力、数学工具使用能力、信息收集处理能力、思维能力、合作能力、组织能力、创新能力以及身体素质、心理素质等诸多方面的教育。教学目标是重点培养学生的人文基础素质、自学能力和创新创业能力；主要任务是教育学生学会做人。

基本素质模块应包含数学模块、人文模块、公共选修模块、语言模块、综合素质模块等。

（二）专业基础模块

专业基础模块主要是培养学生从事某一类行业（岗位群）的公共基础素质和能力，为学生的未来就业和终身学习打下坚实的基础，提高学生的社会适应能力和职业迁移能力。专业基础模块课程主要包含专业理论模块、专业基本技能模块和专业选修模块。具体来讲，专业理论模块包含：计算机基础、程序设计语言、数据结构与算法、操作系统、软件工程和数据库技术基础等课程；专业基本技能模块包括网络程序设计、软件测试技术 Java 程序设计、人机交互技术、软件文档写作等课程。

专业基础模块课程的教学可以实行学历教育与专业技术认证教育的结合，实现双证互通。如结合全国计算机等级考试、各专业行业认证等，使学生掌握从事计算机各行业工作所具备的最基本的硬件、软件知识，进而具备最基本的专业技能。

（三）专业方向模块

专业方向模块主要是培养学生从事某一项具体的项目工作，以培养学生直接上岗能力为出发点，实现本科教育培养应用性、技能性人才的目标。如果说专业基础模块重视的是从业未来及其变化因素，强调的是专业宽口径，就业定向模块则注重就业岗位的现实要求，强调的是学生的实践能力。掌握一门乃至多门专业技能是提高学生就业能力的需要。

专业方向模块课程主要包括专业核心课程模块、项目实践模块、毕业实习等，每个专业的核心专业课程一般为5~6门共同组成，充分体现精而专、面向就业岗位的特点。

第三节　实践教学

实践是创新的基础，实践教学是教学过程中的重要环节，而实验室则是学生实践环节教学的主要场所。构建科学合理培养方案的一个重要任务是要为学生构筑一个合理的实践教学体系，并从整体上策划每个实践教学环节。应尽可能为学生提供综合性、设计性、创造性比较强的实践环境，使每个大学生在3年中能经历多个实践环节的培养和训练，这不仅能培养学生扎实的基本技能与实践能力，而且对提高学生的综合素质大有好处。

实验室的实践教学，只能满足课本内容的实习需要，但要培养学生的综合实践能力和适应社会时常需求的动手能力，必须让学生走向社会，参与到实际工作中去锻炼、去提高、去思索，这也是职业院校学生必须走出的一步，是学生必修的一课。某职业院校就实践教学提出了自己的规划与安排，可供我们借鉴。

一、实践教学的指导思想与规划

在实践教学方面，努力践行"卓越工程人才"培养的指导思想具体用"一个教学理念、两个培养阶段、三项创新应用、四个实训环节、五个专业方向、八条具体措施"来加以概括：

1. 一个教学理念，即确立工程能力培养与基础理论教学并重的教学理念，把工程化教学和职业素质培养作为人才培养的核心任务之一，通过全面改革人才培养模式、调整课程体系、充实教学内容、改进教学方法，建立软件工程专业的工程化实践教学体系。

2. 两个培养阶段，即把人才培养阶段划分为工程化教学阶段和企业实训阶段。在工程教学阶段，一方面对传统课程的教学内容进行工程化改造，另一方面根据合格软件人才所应具备的工程能力和职业素质专门设计了4门呈阶梯关系工程实践学分课程，从而实现了对课程体系的工程化改造。在实习阶段，要求学生参加半年全时制企业实习，在真实环境下进一步培养学生的工程能力和职业素质。

3. 三项创新应用

（1）运用创新的教学方法。采用双语教学、实践教学和现代教育技术，重视工程能力、写作能力、交流能力、团队能力等综合素质的培养。

（2）建立新的评价体系。将工程能力和职业素质引入人才素质评价体系，将企业反馈和实习生／毕业生反映引入教学评估体系，以此指导教学。

（3）以工程化理念指导教学环境建设。通过建设与业界同步的工程化教育综合实验环境及设立实习基地，为工程实践教学提供强有力的基础设施支持。

4. 围绕合格的工程化软件设计人才所应具备的个人开发能力、团队开发能力、系统研发能力和设备应用能力，设计了 4 个阶段性的工程实训环节：

（1）程序设计实训：培养个人级工程项目开发能力。

（2）软件工程实训：培养团队合作级工程项目研发能力。

（3）信息系统实训：培养系统级工程项目研发能力。

（4）网络平台实训：培养开发软件所必备的网络应用能力。

5. 提出五个专业实践方向。

（1）软件开发技术（C/C++ 方向）。

（2）软件开发技术（JAVA 方向）。

（3）嵌入式方向。

（4）软件测试方向。

（5）数字媒体方向。

6. 八条具体措施

（1）聘请软件开发企业的资深工程师，开设软件项目实训系列课程。例如，将若干学生组织成一个项目开发团队，学生分别担任团队成员的不同职务，在资深工程师的指导下，完成项目的开发，使学生真实地体会到了软件开发的全过程。在这个过程中，多层次、多方向地集中、强化训练，注重培养学生实际应用能力。另外，引入暑期学校模式，强调工程实践，采用小班模式进行教学安排。

（2）创建校内外软件人才实训基地。学院积极引进软件企业提供实训教师和真实的工程实践案例，学校负责基地的组织、协调与管理的创新合作模式，强化学生工程实践能力的培养。安排学生到校外软件公司实习实训，在实践中学习和提高能力，同时通过实训能快速积累经验，适应企业的需要。

（3）要求每个学生在实训基地集中实训半年以上。在颇具项目开发经验的工程师的指导下，通过最新软件开发工具和开发平台的训练以及实际的大型应用项目的设计，提高学生的程序设计和软件开发能力。另外，实训基地则对学生按照企业对员工的管理方式进行管理（如上下班打卡、佩戴员工工作牌、团队合作等），使学生提前感受到企业对员工的要求，在未来择业、就业以及工作中能够比较迅速地适应企业的文化和规则。

（4）引进战略合作机构，把学生的能力培养和就业、学校的资源整合、实训机构的利益等捆绑在一起，形成一个有机的整体，弥补高校办学的固有缺陷（如师资与设备不足、市场不熟悉、就业门路窄、项目开发经验有欠缺等），开拓一个全新的办学模式。

（5）强化实训中心的管理，在实验室装备和运行项目管理、支持等方面探索新的思路和模式，更好地发挥实训中心的功能和作用。

（6）在课程实习、暑假实习和毕业设计等环节进行改革，探索高效的工程训练内容设计、过程管理新机制。做到"走出去"（送学生到企业实习）和"请进来"（将企业好的做法和项目引进到校内）相结合的新路子。

（7）办好"校内""校外"两个实训基地建设，在校内继续凝练、深化"校内实习工厂"的建设思路，并和软件公司建设校外实训基地。

（8）加强"第二课堂"建设，同更多的企业共建学生"第二课堂"。学院不但提供专门的场地，而且提供专项经费以支持学生的创新性活动和工程实践活动。加大学生科技立项和科技竞赛等的组织工作，在教师指导、院校两级资金投入方面进行建设，做到制度保证。

要强化学生理论与实践相结合的能力，就必须形成较完备的实践教学体系。将实践教学体系作为一个系统来构建，追求系统的完备性、一致性、稳定性和开放性。

根据人才培养的基本要求，教学计划是一个整体。实践教学体系只能是整体计划的一部分，是一个与理论教学体系有机结合的、相对独立的完整体系。只有这样，才能使实践教学与理论教学有机结合，构成整体。

计算机专业的基本学科能力可以归纳为计算思维能力、算法设计与分析能力、程序设计与实现能力、系统能力。其中的系统能力是指计算机系统的认知、分析、开发与应用能力，也就是要站在系统的观点上去分析和解决问题，追求问题的系统求解，而不是被局部的实现所困扰。

要努力树立系统观，培养学生的系统眼光，使他们学会考虑全局、把握全局，能够按照分层模块化的基本思想，站在不同的层面上去把握不同层次上的系统；要多考虑系统的逻辑，强调设计。

实践环节不是零散的一些教学单元，不同专业方向需要根据自身的特点从培养创新意识、工程意识、工程兴趣、工程能力或者社会实践能力出发，对实验、实习、课程设计、毕业设计等实践性教学环节进行整体、系统的优化设计，明确各实践教学环节在总体培养目标中的作用，把基础教育阶段和专业教育阶段的实践教学有机衔接，使实践能力的训练构成一个体系，与理论课程有机结合，贯彻于人才培养的全过程。

追求实验体系的完备、相对稳定和开放，体现循序渐进的要求，既要有基础性的验证实验，还要有设计性和综合性的实验和实践环节。在规模上，要有小、中、大；在难度上，要有低、中、高。在内容要求上，既要有基本的，还要有更高要求，通过更高要求引导学生进行更深入的探讨，体现实验题目的开放性。这就要求内容：既要包含硬件方面的，又要包含软件方面的；既要包含基本算法方面的，又要包含系统构成方面的；既要包含基本系统的认知、设计与实现，又要包含应用系统的设计与实现；既要包含系统构建方面的，又要包含系统维护方面的；既要包含设计新系统方面的，又要包含改造老系统方面的。

从实验类型上来说，需要满足人们认知渐进的需求，要含有验证性的、设计性的、综合性的。要注意各种类型的实验中含有探讨性的内容。

从规模上来说，要从小规模的开始，逐渐过渡到中规模、较大规模上。

关于规模的衡量，就程序来说大体上可以按行计。小规模的以十计，中规模的以百计，较大规模的以千计。包括课外的训练在内，从一年级到三年级，每年的程序量依次大约为5000行、1万行、1.5万行。这样，通过3年的积累，可以达到2.5万行的程序量。作为最基本的要求，至少应该达到2万行。

二、实践体系的设计与安排

总体上，实践体系包括课程实验、课程设计、毕业设计和专业实习4大类，还有课外活动和社会实践活动。在一个教学计划中，不包括适当的课外自习学时，其中课程实验至少14学分，按照16个课内学时折合1学分计算，共计224个课内学时；另外综合课程设计4周、专业实习4周、毕业实习和设计16周，共计24周。按照每周1学分，折合24学分。

（一）课程实验

课程实验分为课内实验和与课程对应的独立实验课程。他们的共同特征是分别应某一门理论课设置。不管是哪一种形式，实验内容和理论教学内容的密切相关性都要求这类实验是围绕着课程进行的。

课内实验主要用来使学生更好地掌握理论课上所讲的内容。具体的实验也是按简单到复杂的原则安排的，通常和理论课的内容紧密结合就可以满足此要求。在教学计划中实验作为课程的一部分出现。

（二）课程实训、阶段性实训与项目综合实训

课程实训是指和课程相关的某项实践环节，更强调综合性、设计性。无论从综合性、设计性要求，还是从规模上讲，课程实训的复杂度都高于课程实验。特别是课程实训在于引导学生将所学的知识用于解决实际问题。

课程实训可以是一门课程为主的，也可以是多门课程综合的，统称为综合实训。综合实训是将多门课程所相关的实验内容结合在一起，形成具有综合性和设计性特点的实验内容。综合课程设计一般为单独设置的课程，其中课堂教授内容仅占很少部分的学时，大部分课时用于实验过程。

综合实训在密切学科课程知识与实际应用之间的联系，整合学科课程知识体系，注重系统性、设计性、独立性和创新性等方面具有比单独课内实验更有直接的作用。同时还可以更有效地充分利用现有的教学资源，提高教学效率和教育质量。

综合实训不但强调培养学生具有综合运用所学的多门课程知识解决实际问题的能力，而且更加强调系统分析、设计和集成能力，以及强化培养学生的独立实践能力和良好的科研素质。

各个方向也可以有一些更为综合的课程实训。课程实训可以集中地安排在 1~2 周完成，也可以根据实际情况将这 1~2 周的时间分布到一个学期内完成。更大规模的综合实训可以安排更长的时间。

（三）专业实习

专业实习可以有多种形式：认知实习、生产实习、毕业实习、科研实习等，这些环节都是希望通过参与实习，让学生认识专业、了解专业，不过各有特点，各校在实施过程中也各具特色。

通常实习在于通过让学生直接接触专业的生产实践活动，真正能够了解、感受未来的实际工作。计算机科学与技术专业的学生，选择 IT 企业、大型研究机构等作为专业实习的单位是比较恰当的。

根据计算机专业的人才培养要求需要建设相对稳定的实习基地。作为实践教学环节的重要组成部分，实习基地的建设起着重要的作用。实习基地的建设要纳入学科和专业的有关建设规划，定期组织学生进入实习基地进行专业实习。

学校定期对实习基地进行评估，评估内容包括接收学生的数量、提供实习题目的质量、管理学生实践过程的情况、学生的实践效果等。

实习基地分为校内实习基地和校外实习基地两类，它们应该各有侧重，相互补充，共同承担学生的实习任务。

（四）课外和社会实践

将实践教学活动扩展到课外，可以进一步引导学生开展广泛的课外研究学习活动。对有条件的学校和学有余力的学生，鼓励参与各种形式的课外实践，鼓励学生提出和参与创新性题目的研究。主要形式包括：①高年级学生参与科研；②参与 ACM 程序设计大赛、数学建模、电子设计等竞赛活动；③科技俱乐部、兴趣小组、各种社会技术服务等；④其他各类与专业相关的创新实践。

课外实践应有统一的组织方式和相应指导教师，其考核可依据学生的竞赛成绩、总结报告或与专业有关的设计、开发成果进行。

社会实践的主要目的是让学生了解社会发展过程中与计算机相关的各种信息，将自己所学的知识与社会的需求相结合，增强学生的社会责任感，进一步明确学习目标，提高学习的积极性，同时也取得服务社会的效果。

社会实践具体方式包括：①组织学生走出校门进行社会调查，了解目前计算机专业在社会上的人才需求、技术需求或某类产品的供求情况；②到基层进行计算机知识普及、培训、参与信息系统建设；③选择某个专题进行调查研究，写出调查报告等。

（五）毕业设计

毕业设计（论文）环节是学生学习和培养的重要环节，通过毕业设计（论文），学生的动手能力、专业知识的综合运用能力和科研能力得到很大的提高。学生在毕业设计或论文撰写的过程中往往需要把学习的各个知识点贯穿起来，形成对专业方向的清晰思考，尤其对计算机专业学生，这对毕业生走向社会和进一步深造具有非常重要的作用，也是培养优秀毕业生的重要环节之一。

学生毕业论文（设计）选题以应用性和应用基础性研究为主，与学科发展或社会实际紧密结合。一方面要求选题多样化，向拓宽专业知识面和交叉学科方向发展，老师们结合自己的纵向、横向课题提供题目，也鼓励学生自己提出题目，尤其是有些同学的毕业设计与自己的科技项目结合，学生也可到 IT 企业做毕业设计，结合企业实际，开展设计和撰写论文；另一方面要求设计题目难度适中且有一定创意，强调通过毕业设计的训练，使学生的知识综合应用能力和创新能力都得到提高。

在毕业设计的过程中重视训练学生总体素质，创造环境，营造良好的学习氛围，促使学生积极主动地培养自己的动手能力、实践能力、科研能力、表达能力，及以调查研究为基础的独立工作能力。

为在校外实训基地实习的同学配备校内指导老师和校外指导老师，指导学生进行毕业设计，鼓励学生以实践项目作为毕业设计题目。

该职业院校的计算机专业十分重视毕业设计（论文）的选题工作，明确规定，偏离本专业所学基本知识、达不到综合训练目的的选题不能作为毕业设计题目。提倡结合工程实际真题真做，毕业设计题目大多来自实际问题和科研选题，与生产实际和社会科技发展紧密结合，具有较强的系统性、实用性和理论性。近年来，结合应用与科研的选题超过 90%，大部分题目需要进行系统设计、硬件设计、软件设计，综合性比较强。

在这一过程中，学生在文献检索与利用、外文阅读与翻译、工程识图与制图、分析与解决实际问题、设计与创新等方面的能力得到了较大的锻炼和提高，能够满足综合训练的要求，达到本专业的人才培养目标。

第四节 课程建设

课程教学作为职业教育的主渠道，对培养目标的实现起着决定性的作用。课程建设是一项系统工程，涉及教师、学生、教材、教学技术方式、教育思想和教学管理制度。课程建设规划反映了各校提高教育教学质量的战略及学科、专业特点。

计算机专业的学生就业困难，不是难在学生数量多，而是困在质量不高，与社会需求脱节。通过课程建设与改革，要解决课程的趋同性、盲目性、孤立性以及不完整、不合理交叉等问题，改变过分追求知识的全面性而忽略人才培养的适应性的倾向。下面是某职业院校提出的课程建设策略。

一、夯实专业基础

针对计算机专业所需的基础理论和基本工程应用能力，构建统一的公共基础课程和专业基础课程，作为各专业方向学生必须具有的基本知识结构，为专业方向课程模块提供有效支撑，为学生后续学习各专业方向打下坚实的基础。

二、明确方向内涵

将各专业方向的专业课程按一定的内在关联性组成多个课程模块，通过课程模块的选择、组合，构建出同一专业方向的不同应用侧重，使培养的人才贴近社会需求，较好地解决本专业技术发展的快速性与人才培养的滞后性之间的矛盾。

三、强化实际应用

为加强学生专业知识的综合运用能力和动手能力，减少验证性实验，增加设计性实验，所有专业限选课都设有综合性、设计性实验，还增设了"高级语言程序设计实训""数据结构和算法实训""面向对象程序设计实训""数据库技术实训"等实践性课程。根据行业发展的情况、用人单位的意向及学生就业的实际需求，拟订具有实际应用背景的毕业设计课题。

通过多年的探索和实践，课程内容体系的整合与优化在思路方法上有较大的突破。课程建设效果明显，已经建成区级精品课程 2 门，校级精品课程 3 门，并制订了课程建设的规划。

作为计算机专业应用型人才培养体系的重要组成部分，课程建设规划制订时要重视以下几个方面：建立合理的知识结构，着眼于课程的整体优化，反映应用型的教学特色；在构建课程体系、组织教学内容，实施创新与实践教学、改革教学方法与手段等方面进行系统改革；安排教学内容时，要将授课、讨论、作业、实验、实践、考核、教材等教学环节作为一个整体，统筹考虑，充分利用现代化教育技术手段和教学方式，形成立体化的教学内容体系；重视立体化教材的建设，将基础课程教材、教学参考书、学习指导书、实验课教材、实践课教材、专业课程教材配套建设，加强计算机辅助教学软件、多媒体软件、电子教案、教学资源库的配套建设；充分运用校园资源环境，进行网上课程系统建设，使专业教学资源得到进一步优化和组合；重视对国外著名高校教学内容和课程体系改革的研究，继续做好国外优秀教材的引进工作。

第五节　教学管理

以某高等院校的教学管理为例，汲取其中的有益经验。

一、教学制度

在学校、系部和教研室的共同努力下，完善教学管理和制度建设，逐步完善了三级教学管理体系。

（一）校级教学管理

学校现已形成完整、有序的教学运行管理模式，包括建设质量监控队伍，建立教学管理制度、教学工作的沟通及信息反馈渠道等。学校教务处负责全校教学、学生学籍、教务、实习实训等日常管理工作，同时设有教学指导委员会、教学督导组等，对各系的教学工作进行全面监督、检查和指导。

学校教务管理系统实现了学生网上选课、课表安排及成绩管理等功能。

在学校信息化建设的支持下，教学管理工作网络化已实行了多年，平时的教学管理工作，如学籍管理、教学任务下达和核准、排课、课程注册、学生选课、提交教材、课堂教学质量评价等均在校园网上完成，网络化的平台不仅保障了学分制改革的顺利进行，而且同时也提高了工作效率。同时，也为教师和学生提供了交流的平台，有力地配合了教学工作的开展。

学校制定了学分制、学籍、学位、选课、学生奖贷、考试、实验、实习及学生管理等制度和规范，并严格执行。在学生管理方智、体综合考评，大学生体育合格标准，导师、辅导员工作，学生违纪处分，学生考勤，学生宿舍管理及学生自费出国留学等都作了明确规定。

（二）系级教学管理

计算机工程系自成立以来，由系主任、主管教学的副主任、教学秘书和教务秘书等负责全系的教学管理工作。主要负责制订和实施本系教育发展建设规划，组织教育教学改革研究与实践，修订专业培养方案，制定本系教学工作管理规章制度，建立教学质量保障体系，进行课堂内外各个环节的教学检查，监督协调各教研室教学工作的实施等。系里负责教学计划与任课教师的管理、日常及期中教学检查、学生成绩及学籍处理以及教学文件的保存等。

（三）教研室教学管理

系下设多个教研室，负责专业教学管理，修订教学计划，落实分配教学任务，管理专业教学文件，组织教学研究活动与教育教学改革、课程建设、编写修订课程教学大纲及实验大纲，协助开展教学检查，负责教师业务考核及青年教师培养等。

二、过程控制与反馈

计算机学院设有教学指导委员会（由学院党政负责人、各专业系负责人等组成），负责制定专业教学规范、教学管理规章制度、政策措施等。

学校和学院建立有教学质量保障体系，学校聘请具有丰富教学经验的离退休老教师组成教学督导组，负责全校教学质量监督和教学情况检查等。通过每学期教学检查、毕业设计题目审查、中期检查、抽样答辩、教学质量和教学效果抽查、学生评价等环节，客观地对教育工作质量进行有效的监督和调控。

由于校、院、系各级教学管理部门实行严格的教学管理制度，采用计算机网络等现代方式使管理科学化，提高了工作效率，教学管理人员尽职尽责素质较高，教学管理严格、规范、有序，为保证教学秩序和提高教学质量起到了重要作用。

（一）健全教学管理规章制度

学校以国家和教育部相关法律、法规为依据，针对教师培训制度、教学管理制度、教学质量检查与评价制度、学生学籍管理制度以及学位评定制度等制定了一系列文件，并针对教学管理中出现的新情况、新问题，对教学管理相关文件做及时修订、完善和补充。

在学校现有规章制度的基础上，根据实际情况和工作需要，计算机学院又配套制定了一系列强化管理措施，如《计算机工程系教学管理工作人员岗位职责》《计算机工程系专任教师岗位职责》《计算机工程系实训中心管理人员岗位职责》《计算机工程系课堂考勤制度》《计算机工程系毕业设计（论文）工作细则》《计算机工程系教学奖评选方法》《计算机工程系课程建设负责人制度》等。

（二）严格执行各项规章制度

学校形成了由院长—分管教学副院长—职能处室（教务处、学生处等）—系部的分级管理组织机构，实行校系多级管理和督导，教师、系部、学校三级保障的机制，健全的组织机构为严格执行各项规章制度提供了保证。

学校还采取全面的课程普查，组织校领导、督导组专家听课，每学期第一周（校领导带队检查）、中期（教务处检查）、期末教学工作年度考核等措施，保证规章制度执行。

学校教务处坚持工作简报制度，做到上下通气，情况清楚，奖惩分明。对于学生学籍变动、教学计划调整、课程调整等实施逐级审批制；对在课堂教学、实践教学、考试、教学保障等各方面造成教学事故的人员给予严肃处理；对优秀师生的表彰奖励及时到位。

教学规章制度的严格执行，使学院树立了良好的教风和学风，教学秩序井然，教学质量稳步提高，对实现本专业人才培养目标提供了有效保障。

第四章 基于计算思维的计算机课程教学与学习模式

计算思维是近几年国外提出的思维方式，与数学思维不同，它教会我们计算机是如何进行的，从而能使我们学习和计算机沟通，让它帮我们去高效地处理很多生活中困难麻烦的事，计算思维是运用计算机科学的基础概念进行问题求解、系统设计，以及人类行为理解等涵盖计算机科学之广度的·系列思维活动。

第一节 思维科学概述

计算思维作为一种最近才得到如此多关注的思维方法要对其进行一个透彻深入的探索、分析和研究，必须对影响该思维提出及其发展的相关学科做一个全面的了解。《关于创新方法工作的若干意见》中认为科学思维是创新的灵魂，而计算思维、理论思维、实验思维被称为"三大科学思维"。本章将思维科学、计算科学相结合，探讨思维的学科内容的形成，在分析几大科学的基础之上，对教学过程中学习者思维的培养，思维作为科学思维之一的培养要求作了详细分析。

现今科学技术取得的成绩，无疑是人们高超思维能力运用发挥效能的结果。人类思维能力变化引起了头脑思考方式的变化，并有了当前"天"上的卫星，"地"下的钻探。但是人们并不满足于目前所获取的这些，于是发明了汽车、通信电话去延长人类的手和脚，发明了计算机解决人类大脑无法计算和解决的问题，但是这些对成长在地球上的人类是远远不够的，仅仅从物理的工具、所安装的软件技术去解决问题，是很难解决人类目前所面临的困境的，因此，必须从人类大脑的思维规律和思维活动去探索和研究，从教学层面去培养一批又一批的学习者。才能解决人类所希望完成的事业，

一、什么是思维科学

20 世纪 80 年代初期，钱学森创立了思维科学，经过四十多年的发展，该学科结构体系已经完善成熟，并参与了一系列国家重大项目的开发和研究。根据钱学森的定义：思维科学，即研究思维规律、思维活动、思维方法的一门学科。

思维科学不同于逻辑学、形象思维学、灵感思维学，它们是思维科学的基础学科，

而人工智能学、密码学、计算机软件技师学等属于思维科学中的应用技术。思维科学在研究内容上包括抽象思维、形象思维、灵感思维、社会思维、机器思维、语言思维等，而逻辑学基本上侧重研究抽象思维，形象思维学研究形象思维，灵感思维学则研究顿悟思维。它们的研究方法也随内容的不同而不同，思维科学需要采用比较综合的方法进行研究，从宏观和微观两个方面入手，以形象的方式进行突破研究，而其他几种则根据学科本身的内容，以推理等方式进行研究。

思维科学也不同于哲学等学科，哲学是研究自然、社会中的客观规律，但思维科学却是人类在认识自然和社会的基础之上探索自己本身思维客观规律的一门科学。哲学主要凸显自然、社会的概念以及规律等认识世界，而思维科学在概念、规律等基础之上，还运用人类社会的各种现代科学技术方式探索人类思维的真谛。

二、思维科学与思维教育

钱学森将思维科学划分为四大类别（抽象思维、形象思维、创造性思维、社会思维）和三个层次（基础科学、技术科学、工程技术），它们与马克思主义哲学之间的桥梁是辩证唯物主义认识论。而思维科学的四大类别归属为基础科学，它是研究人力意识的思维规律的学问，这部分称为思维学。对思维学的研究和伸延直接影响技术科学和工程技术层次的发展，对此，知识、信息、智力的问题归类为思维的问题，人们学习知识，掌握信息，改善智力的方式用思维科学得以解释思维科学的效果在我们研究人工智能时取得了一定的成效，拥有了功能更强大的计算机设备和工具，使这些工具代替人类解决了更多的问题；另外，思维科学让我们更懂得如何发挥人类大脑的潜能，解决更多现代科学技术的问题，这些都是思维科学指导下取得的成就。因此，在教育教学中，对于知识的传授也应该以思维科学为指导。

三、计算科学

（一）什么是计算科学

计算科学是对描述和变换信息的算法过程，包括其理论、分析、设计、效率分析、实现和应用的系统的研究。全部计算科学的根本问题是——什么能（有效地）自动进行、什么不能（有效地）自动进行。计算科学在学科内容上分为计算科学基础层、计算科学专业层和计算科学应用层三个层次，分别指代计算科学的基础理论、基本开发技术、应用以及其他硬件设备三个部分。

基础层面主要是一些数理理论、逻辑理论等；专业基础层面主要涵盖软件开发学、软件技术、计算机网络与通信、算法分析、程序等；应用层面主要是人机交互、机器智能、数据表示等。研究计算科学还要涉及计算模型的问题，而要了解计算模型就要先认识形式化和形式化方法。要清楚形式、形式化、形式化方法三者的含义。形式是事物的内容存在的外在方式、形状和结构的总和。所谓形式化是将事物的内容与形式相分离，用事物的某种形式来表示事物形式化方法是在对本物描述形式化的基础上，通过研究事物的形式变化规律来研究事物变化规律的全体方法的总称。

目前，计算科学已经成为一个庞大的学科，并在 2005 年，IEEE/CS 和 ACM 已经将计算机科学、信息系统、软件工程、计算机工程、信息技术五个分支学科划分为计算科学。

（二）计算科学、科学计算与教育教学

计算不等于数学，但是对于数学的研究却是以计算为核心开始的，于是提出了计算科学。科学计算的基础是计算机，但是科学计算并不局限于计算机。

科学计算的核心是计算科学，物质基础是计算机。目前，科学计算已经在国防、经济、数值天气、工程、航天航空、自然科学等方面发挥了重要的作用。而未来，大规模科学计算是国家综合国力发展的重要标志。

因此，在教育教学过程中，通过一定的教育指导，使学习者计算科学能力得以提高，对科学计算有极大的帮助，也得以将学习者的思维方式"计算"化、科学化。

四、思维教学分析

《学会生存》一书中有一句话："教育能使自己再现，也能使自己更新。"思维作为人类智力的结晶，是人们认识世界的脑力活动。美国心理学和教育学家 Kobert J.Stemberg 里指出：思维教学的核心理念是培养聪明的学习者。教学者不仅要教会学习者如何解决问题，而且也要教会他们发现值得解决的问题。教学者要为学习者提供足够的思维空间，设法激励和引导学习者自主学习，发现问题所在继而解决问题。思维教学的中心是学习者，以培养思维能力为目的，实现学习者在思维活动中学习，同时也学习思维本身，两个过程是相辅相成的。良好的思维能力是取得成功的关键。思维教学的模式将思维训练融合在教学的各个环行中。符合思维训练与学科教育的统一性，即学科知识与思维能力互相促进，共同提高。

1.传统教学审视

目前，从高等教育到高中教育到义务教育都在倡导教育改革，而在实际的课程教学中，多数情况仍然强调教学者的课堂主导作用，对学习者教学过程的参与却是提得多，实施得少，没有在质的层面上做到真正的教学改革。这样的结果直接导致培养出来的学习者大多是不会进行思维活动的。

究其原因与我国的传统文化和我国现行的标准化考试不无关系。但近年来，高校对特长生的自主招收等等一系列的举措都表明，知识经济中，新时代对我们的挑战不再局

限于一张试卷的成绩来核定个人对社会发挥的效能，创新才是当今时代赋予我们的新任务。因此，思维能力的培养对于学校教育而言，非常重要。

2. 思维与教学

传统教育存在的弊端在于学习者的知识虽得以增长，但在思维能力方面却没有多大的改变，甚至一部分学习者不会思维。虽然目前倡导改革的效果还不甚明显，但教育改革的理念就是定位在教会学习者思维，这已经成为教育学者、教育学领域的共识。

然而，这些关于教育中对思维培养的问题却还在探索和发展之中：①思维是什么？②思维可以教授吗？③怎么掌握学习者思维发展的规律？④思维通过教育的训练能否得以改善？⑤教育对于人思维能力的发展是否有关键性作用？⑥教育对人思维能力的发展发挥着怎样的作用？这些问题，在我们对学习者进行思维能力培养时就需一一回答。

钱学森提出的思维科学为我们研究思维提供了扎实的理论基础，也为我们解释思维提供了标准，因此可以回答第一个问题，思维是人脑活动的规律和方法。而作为在教学中以思维的方式对学习者进行培养，钱老则没有给出一个明确的规定，但是他指出："人的脑力劳动中最深奥的是创造，而现在因为我们不了解创造性的过程，不了解创造思维的规律，无法教学习者，只能让学习者自己去摸索，也许能摸会，也许摸不会。如果我们发展思维科学，那就可能有朝一日我们懂得创造的规律，能教学习者搞思想上的飞跃，那该有多好啊"。因此，我们可以知道，对于第二个问题的解答是思维是可以教授的。

思维的发展也是随着年龄的增长而不断改变的，不同年龄阶段人的思维有不同的特点，主要发展形式是从形象思维到抽象思维再到其他思维的发展；思维能力的强弱与学习成绩相关性不是成正比例的；知识作为思维的基础，两者既统一又有区别，知识是对客观存在事物的再认识，属于认知的范畴，而思维是在已有知识的基础上的创造，衍生出新的事物。所以，如何掌握思维的发展规律，这就需要我们在认识事物时要学会思考，学会发现新的东西。

美国全国教育协会在《美国教育的中心目的》一文中声明："强化并贯穿于所有各种教育目的的中心目的是教育的基本思路就是要培养思维能力，任何形式的专门训练或多或少都会对个体的思维产生一定的影响，对于教会学习者思维，是指在科学理论的指导下，根据大脑的生理结构，思维发展的规律，系统性地对学习者思维能力进行训练。"郑庭瑾在《教会学习者思维》一书中认为："思维是可以通过教育的手段改善和提高的。知识的传授和思维的训练并不矛盾，知识传授帮助学习者认识新的事物，获得新的经验，思维训练改善知识获得的心理机制，促进新事物的创造发明。"

五、科学思维培养要求

科学思维的培养是指通过教育或者其他某种合理方式促进个体思维能力发展的行

为。教育旨在通过教学方式、方法、手段等对学习者科学思维的培养，改变学习者解决问题的思维方式。

心理学家、教育学家杜威提出"反省的思维分析"学说，他主张从"情景中发现疑难——从疑难中提出问题——做出解决问题的各种假设——推断哪一种假设能解决问题——经过检验来修正假设获得结论"，即"从做中学"，通过思维提出问题和解决问题，并在做中验证结果；他的目的是使学习者通过思考问题，发现知识情景，发展思维能力。这对当前高等学校学习者思维能力的培养非常有用。教育学家布鲁纳的思维培育思想是"发现学习"，主张由学习者自己发现问题并解决问题，以培养学习者独立思考、发展探究式学习为目的。

对科学思维的概念、本质特征、结构、学科发展等的理解不同，就会导致运用科学思维进行实践应用的结果不同，同时对科学思维培养方法和态度也有很大的差异。学习者科学思维的培养，其实是不断强化学习者各种技能，在不断地学习中，将技能转化为能力，将能力转化为思维方法的过程。

第二节　计算思维研究

一、计算思维概述

目前，国际上广泛认同的是 2006 年美国卡内基梅隆大学 Jeannette M.Wing 教授在 ACM 上发表的 *Computational Thinking*，她提出："CT 是运用计算机科学的基础概念进行问题求解、系统设计，以及人类行为理解的涵盖计算机科学之广度的一系列思维活动"。她认为，不仅仅是属于计算机科学家，而且这种思维是每一个人的基本技能。我们在培养孩子解析能力时，除了要求孩子掌握阅读、写作、算术等技能之外，还应要求其学会计算思维。正如印刷出版业促进了阅读、写作、算术等的发展，计算和计算机也将促进 CT 的传播和发展，她认为，CT 将来的某一天，将成为每一个人技能的一部分，CT 的明天就犹如普适计算的今天，目前，这一概念性观点得到了国际国内计算机专业界、教育教学业界、社会学界、哲学界等涵盖基础理论学科、工程技术学科等专家、学者的大力关注和研讨。

Jeannette M.Wing 教授指出："CT 是通过约简、嵌入、转化和仿真等方法，把·个看来困难的问题而：新阐释成一个我们知道怎样解决的问题；CT 是一种递归思维；CT 采用了抽象和分解来迎接庞杂的任务或者设计巨大复杂的系统；CT 是按照预防、保护及通过冗余、容错、纠错的方式从最坏情形恢复的一种思维；CT 就是学习在同步相互会合时如何避免'竞争条件'（亦称'竞态条件'）的情形；CT 利用启发式推理来解答，就是在不确定情况下的规划、学习和调度；CT 利用海量数据来加快计算，在时间和空间之间，在处理能力和存储容量之间进行权衡。

Jeannette M.Wing 教授总结出 CT 以下几个方面的特征："①概念化，不是程序化；②根本的，不是刻板的技能；③是人的，不是计算机的思维方式；④数学和工程思维的互补与融合；⑤是思想，不是人造物；⑥面向所有的人，所有地方"。她指出，当真正融入人类活动的整体以致不再表现为一种显式之哲学的时候，它就将成为一种现实。

CT 的本质和标志是抽象和自动化，它是以可行和构造为特征的构造思维，是以程序化、形式化（层次化）、机械化（结构化）为根本的思维。

二、计算思维的发展阶段划分

CT 不是今天才有的，它早就存在于中国的古代数学之中，只不过周以真教授使之变得更清晰化和系统化。

1. 计算思维萌芽时期

计算是人类文明最古老而又最时新的成就之一。从远古的手指计数，经结绳计数，到中国古代的算筹计算、算盘计算，到近代西方的耐普尔骨牌计算及巴斯 E 计算器等机械计算，直至现代的电子计算机计算，计算方法及计算工具的无限发展与巨大作用，使计算创新在人类科技史上占有异常重要的地位。众所周知的高科技医疗器械"CT"（此处不指代计算思维，而是射线技术与计算技术相结合的创新），其理论的首创者和器械的首创者共同获得了 1979 年诺贝尔医学和生理学奖。其他与计算有关的诺贝尔奖获得者还有：威尔逊因重正化群方法获 1982 年物理学奖。克鲁格因生物分子结构理论获 1982 年化学奖，豪普曼因 X 光晶体结构分析方法获 1985 年化学奖，科恩与波普尔因计算量子化学方法获 1988 年化学奖。而闻名遐迩的中国科学大师华罗庚的"华—王方法"，冯康的有限元方法，以及吴文俊的"吴方法"，也均是与计算有关的重大科学创新。尽管取得了如此巨大的成绩，但是，此时的计算并没有上升到思维科学的高度，没有思维科学指导的计算具有一定的盲目性，且缺乏系统性和指导性。另外，思维方式是人类认识论研究的重要内容，已有无数的哲学家、思想家和科学家对人类思维方式进行过各具特色的研究，并提出过不少得到深刻的见解。在思维的纵向历史性方面，恩格斯曾有精辟的论述："每一时代的理论思维，包括我们时代的理论思维，都是一种历史的产物，在不同的时代具有非常不同的形式，并因而具有非常不同的内容。因此，关于思维的科学，和其他任何科学一样，是一种历史的科学，关于人的思维的历史发展的科学"。而在思维方式横向分类方面，也有不少普遍认可的成果：抽象逻辑思维与形象思维，辩证思维与机械思维，创造性思维与非创造性思维，社会群体思维与个体思维，艺术思维与科学思维，原始思维与现代思维，灵感思维与顿悟思维，等等。但是，此时的思维方式仅仅是认识论的一个分支，没有提升到学科的高度，缺少完整的学科体系。

20 世纪 80 年代，钱学森在总结前人的基础上，将思维科学列为 11 大科学技术门类之一，与自然科学、社会科学、数学科学、系统科学、思维科学、人体科学、行为科学、军事科学、地理科学、建筑科学、文学艺术并列在一起。经过 20 余年的实践，在钱学森思维科学的倡导和影响上各种学科思维逐步开始形成和发展，如数学思维、物理思维等，这一理论体系的建立和发展也为其萌芽和形成打下了基础，因此，将这一时期称为"CT 的萌芽时期"。

2. 计算思维奠基时期

自从钱学森提出思维科学以来，各种学科在思维科学的指导下逐渐发展起来，计算学科也不例外。1992 年，黄崇福给出了 CT 的定义：CT 就是思维过程或功能的计算模拟方法论，其研究的目的是提供适当的方法，使人们能借助现代和将来的计算机，逐步达到人工智能的较高目标。2002 年，董荣胜提出并构建了计算机科学与技术方法论：对 CT 和计算机方法论的研究得出，CT 与计算机方法论虽有各自的研究内容与特色，但它们的互补性很强，可以相互促进，计算机方法论可以对 CT 研究方面取得的成果进行再研究和吸收，最终丰富计算机方法论的内容；反过来，CT 能力的培养也可以通过计算机方法论的学习得到更大的提高。同时还指出两者之间的关系与现代数学思维和数学方法论之间的关系非常相似。另外，2005 年陈文宇这样描述 CT 能力："它是形式化描述和抽象思维能力以及逻辑思维方法，它在形式语言与自动机课程中得到集中体现。"

在这一时期，尽管出现了 MCTM，但并没有引起国内外计算机学者的广泛关注。直到 2006 年，周以真教授将详细分析并阐明其原理以 *Computational Thinking* 命名发表在 ACM 的期刊上，从而使这一概念一举得到了各国专家学者，乃至包括微软公司在内的一些跨国机构的极大关注与前面的成果相比较，周以真教授提出的 CT 更加清晰化和系统化，并具有可操作性，为国内外 CT 发展起到了奠基和参考的作用。因此，将这一时期称为 CT 的奠基时期。

3. 计算思维混沌时期

2006 年以后，国内外计算机教育界、社会学界以及哲学界的广大学者围绕周以真教授的"CT"进行了积极的探讨和争论。学者们依据自己的知识背景、从不同的视角提出了一些新的观点。2008 年 1 月，周以真教授针对计算领域提出了什么是可计算的、什么是智能、什么是信息、我们如何简单地建立复杂系统等多个深层次的问题，并进行了详细的叙述。她认为计算机科学是计算的学问——什么是可计算的、怎样去计算、基于此，总结出了计算思维的以下特征：概念化，不是程序化；根本的，不是刻板的技能；是人的，不是计算机的思维方式；数学和工程思维的互补与融合；是思想，不是人造物；面向所有的人，所有地方。同年 7 月，她在《CT 和关于思维的计算》文章中指出：CT 将影响每一个奋斗领域的每一个人，这一设想为我们的社会，特别是为我们的青少年提供了一个新的教育挑战。关于思维的计算，我们需要结合我们的三大驱动力领域：科学、科技和社会，社会的巨大发展和科技的进步迫切要求我们重新思考最基本的科学的问题。

桂林电子科技大学计算机学院的黄荣胜教授支持周以真教授的这种观点，他指出计算机方法论中最原始的概念："抽象、理论、设计"与 CT 最基本的概念："抽象和自动化"，二者都反映的是计算最根本的问题：什么能被有效地自动执行。河北北方学院与河北师范大学郭喜风等人指出，周以真教授的 CT 仅是一种观点在发表，是为吸引更多有志青年学习计算机科学，而这种观点既没有考虑选择计算机科学学习的经济学分析，又与 CC2005 中将 Computing（对应国内的计算机或计算机科学）划分为计算机科学、计算机工程、软件工程、信息工程和信息系统的范围存在明显的不一致。在对比 Computational 和 Computing 的基础上，认为前者的概念相对后者而言更具体、更狭窄，从而指出周以真教授的 CT 具有一定的局限性，并认为信息学思维或计算机思维才能更好地对应 Computing Thinking，与此同时，国防科技大学人文学院的朱亚宗教授站在人文历史的基础，把 CT 归类为三大科学思维（实验思维、理论思维、CT）之一。

目前，CT 究竟是一种什么思维？它具有什么样的作用？对将来社会有何影响？不同的学者对这一问题的认识分歧较大，从而形成了当今这样一个混沌的局面。因此，称这一时期为 CT 的混沌时期。

4. 计算思维确定时期

中国高等学校计算机基础课教学指导委员会 2010 年 5 月在安徽合肥举办的会议中要求将"CT"融入计算机基础课程中去传授，以此培养高素质的研究型人才；7 月在陕西西安举办的 C9 会议上要求正确认识大学计算机基础教学的重要地位，要把培养学习者"CT"能力作为计算机基础教学的核心任务，并发表了《九校联盟（C9）计算机基础教学发展战略联合声明》，该文明确了更加完备的计算机基础课程体系和教学内容，为全国高校的计算机基础教学改革树立了榜样；9 月，组委员决定将合肥会议与西安会议的研究材料上报教育部，以"CT：确保学习者创新能力"为主题申请立项对 CT 在学科教学中的作用进行全面研究；11 月在济南举办的会议中，深入研讨了以 CT 为核心的计算机基础课程教学改革，并结合前期在太原召开的 CT 研讨会的结论形成了"CT 能力培养为核心推进大学通识教育改革的研究与实践"结果，并上报到教育部申请国家立项。

三、计算思维在国内外发展情况

1. 计算思维在国外发展情况

目前，在国外的发展，仍然是 2006 年美国卡内基梅隆大学 Jeannette M.Wing 所论述的 Computational Thinking 观点。自从她提出此观点之后，引起了美国教育界的关心关注，ACM（美国计算机协会）、ATM（美国数学研究所）、CS-TA（美国计算机科学技术教学者协会）等众多机构都参与到了对 CT 的研究中来。于 2007 年，Jeannette M.Wing 教授在卡内基梅隆大学成立了 CT 研究中心，并修订了卡内基梅隆大学一年级学习者的课程，从而激发非计算机专业学习者的 CT 能力。同时美国国家基金也设置资助项目推荐 CT 的发展，该中心主要通过面向问题的一些研究促进 CT 在计算科学中的价值。2008 年，ACM 在网络中公布的对 CC2001 的中期审查报告草案显示出，他们将计算机导论课程与 CT 绑定在一起，要求在计算机导论课程中讲授 CT；CSTA 也发布了得到微软公司支持的 Computational Thinking：A problem solving tool for every classroom（CT，一个所有课堂问题解决的工具）；CT 还促成了 NSF（美国国家科学基金会）的 CDI（Cyber-Enabled Discovery and Innovation，能够实现的科学发现与技术创新）计划，CDI 计划的根本目的是借助 CT 思想和方法促进国家自然科学、工程技术领域发生重大变革，以此改变人们思维的方式，从而使国家现代科技遥遥领先于世界。而且，目前卡内基梅隆大学在 NSF 的支持下，正在设计一个全新的高级课程，该课程包含了计算机和 CT 的基本概念。美国另外五所大学——克罗多大学、伯克利分校、丹佛州立大学、圣地亚哥大学以及华盛顿大学正在制定该课程的翻译本。目前相应的高中、学院以及大学都参与其中，这个项目的发起者囊括了美国的专业组织、政府机构、学者以及相应的行业人员，其目的是提高教学者和学习者的 CT 能力（即小学、中学、大学一年级和二年级）。

对此，倡导计算机科学研究和教育的主要机构 CRA（计算机研究协会）把"匹兹堡一年度计算机研究协会（CRA）杰出服务奖"颁发给了卡内基梅隆大学的 Jeannmem M.Wing 教授，以此表彰她帮助定义了计算机科学的现状和可能的发展。

CT 的提出不仅在美国引起了强烈反响，对英国等欧洲国家也影响极大，在爱丁堡大学，涉及哲学、物理、生物、医学、建筑、教育等各种探讨会上都在探索与 CT 相关的学术和工程技术问题，BCS（英国计算机学会）组织专家对 CT 进行研讨，并提出了 CT 在欧洲发展的行动纲领。

2. 计算思维在国内发展情况

我国对 CT 的关注源于高等学校计算机教育研究会于 2008 年 10 月在桂林召开的关于"CT 与计算机导论"的专题学术研讨会，此会议专题探讨了科学思维与科学方法在计算机课程教学中的推动和创新作用。对此，多数高校在研讨会之后分别在自己所在高校开展了关于 CT 的研究。桂林电子科技大学计算机学院也开设了以 CT 为核心的计算机导论精品课程。

中科院计算所所长李国杰 2009 年 7 月在 NOI 2009 开幕式和 NOI25 周年纪念会上强调 NOI 将从 CT 中去培养，并在 9 月出版的《中国 2050 年信息科技发展路线图》一书中表示，对"CT"的培养是克服计算机学科"狭义工具论"的有效手段和途径；在 11 月发表的《中国信息技术已到转变发展模式关键时刻》一文中表示"20 世纪后半叶是以信息技术发明和技术创新为标志的时代，预计 21 世纪上半叶将兴起一场以高性能计算和仿真、网络科学、智能科学、CT 为特征的信息科学革命，信息科学的突破可能会使 21 世纪下半叶出现一场新的信息技术革命"。中国科学院在 2010 年的春季战略规划研讨会中要求人、机、物等信息社会存在的多样性在 "CT" 的定位中寻找正确的方向。自动化所的王飞跃教授也就此研究发表了 CT 与计算机文化的文章。

中国高等学校计算机基础课程教学指导委员会 2010 年 5 月在安徽合肥的会议中要求将 "CT" 融入计算机基础课程中去讲授，以此培养高素质的研究型人才；7 月在陕西西安召开的 C9 会议上要求正确认识大学计算机基础教学的重要地位，要把培养学习者 "CT" 能力作为计算机基础教学的核心任务，并发表了《九校联盟（C9）计算机基础教学发展战略联合声明》，建立了更加完备的计算机展础课程体系和教学内容，为全国高校的计算机基础教学改革树立榜样；9JJ, 组委员决定将合肥会议与西安会议的研究材料上报教育部，以 "CT：确保学习首创新能力" 为主题申请立项对 CT 在学科教学中的作用进行全面研究；11 月在济南会议中，深入研讨了以 CT 为核心的计算机基础课程教学改革，并结合前期在太原召开的 CT 研讨会的结论形成了 "CT" 能力培养为核心推进大学通识教育改革的研究与实践" 结果，并卜报到教育部申请国家立项探讨。2011 年 6 月，北京交通大学和高等教育出版社共同在北京举办了以 "CT" 为导向的计算机基础课程建设" 为主题的研讨会，围绕 CT 的实质和如何在计算机基础课程中开展以及自己本校开展情况进行集中讨论；8 月，在深圳召开了计算机基础课程第六次教学指导委员会高层会议，主要探讨以研究 CT 为主题向教育部、科技部、国家自然科学旅金委申请立项研究在教学中培养研究的问题；11 月，在杭州展开了第 7 次会议，主要审议第六次会议作内容，并最终呈交了正式立项申请报告。2012 年国家科技计划信息技术领域备选项目推荐指南里的 "基础研究类" 的先进计算中，我国学者推荐项开展 "新一代软件方法学及其对 CT 的支撑机理" 的研究。

第三节　基于计算思维的教与学的模式设计

随着课程教学改革的深入，作为培养学习者科学思维和科学方法为核心的课程教学改革目标得到广大学者、专家和教学者的认同与关注，作为培养核心能力的 CT 教学和学习模式建构也成了这一核心能力实现的焦点。之所以以 CT 的方法为直接手段建构培养 CT 能力的改革，是为了更好地对抽象的 CT 作出更直观、更完全的描述，从而有助于研究者和计算学科爱好者的理解和分析。基于 CT 的一系列教学模式和学习模式的建构是基于相关理论和方法，通过对相关理论的分析和对课程教学的实践经验总结，对基于 CT 的教学过程进行说明和解析，对 CT 系列教与学的模式探讨有助于增强广大学者对创建教学和学习模式的过程的理解，并将该系列模式应用于课程教学活动当中，促进学习者对 CT 方法的掌握以及 CT 能力的提高。

基于 CT 方法与计算机基础课程课堂教学的整个过程相结合，使其融入了教育教学的课堂中去，由于 CT 的本质是抽象和自动化。是具有可行和构造特性的一种抽象思维，因此，为了更好地表达 CT 方法与整个教学活动教学过程的统一性，将在本章构建两种教学模型和一种学习模型。构建教学模型的宗旨是讨论教学活动中教学者如何引导学习者运用 CT 的方法去完成相应的学习任务，构建学习模型的宗旨在于讨论学习者在了解教学者教学活动的基础上更好地、合理有效地展开基于网络环境下 CT 方法应用的力主学习活动。

一、模式、教学模式的含义

1. 模式

"模式"一词涉及面较广，"模式"原本源于"模型"一词，本来的意思是用实物做模的方法，在我国的《汉语大词典》中解释为"事物的标准样式"《说文解字》："模，法也"，即"方法"。《辞源》对"模"有 3 种解释：一是模型、规范，二是模范、范式，三是模仿、效仿；《辞海》对"模"的解群为：一是制造器物的模型，二是模范、榜样，三是仿效、效法；从字面上看，"式"有样式、形式的意思，所以，"模式"是包含了事物的内容和形式。《国际教育百科全书》则把"模式"解释为是变量或假设之间的内在联系的系统阐述现在大多数人认为：模式，即解决一类问题方法论的总称，把解决问题的方法总结到理论的高度，即成了模式。

学者查有梁从科学方法论的角度对"模式"发表了他的看法："模式是一种重要的科学操作与科学思维方法。它是为解决特定的问题，在一定的抽象、简化、假设条件下，再现原型客体的某种本质特性。它是作为中介，从而更好地认识和改造原型、构建型客体的一种科学方法。从实践出发，经概括、归纳、综合，可以提出各种模式，模式一经被证实，即有可能形成理论；也可以从理论出发.经类比、演绎、分析，提出各种模式，从而促进实践发展，模式是对客观实物的相似模拟（实物模型），是对真实世界的抽象描写（数学模式），是思想观念的形象显示（图像模式和语义模式）。在他的解释中，"模式"不仅是模型、模范的意思，还有科学操作和科学思维方法论，不仅是一种规范，让别人效仿，更是一种解决问题的思维方式。

当前，对"模式"的研究越来越多，各个领域和各个学科的专家学者分别以自己的研究对象为背景，提出了各种各样的"模式"，对"模式"的原理、范围，如何建立"模式"、选择"模式"、应用"模式"都有一系列系统的研究，逐渐发展成了"模式论"研究，而站在"模式论"的高度，正好符合查有梁先生对"模式"的解读。人类在解决某一问题的过程中，首先是通过分析研究从而提出问题，再利用系列理论基础，总结概括出解决问题的方法，久而久之，通过对实例的论证，得出解决问题的一套系统方法，形成稳定的结构模式。

2. 教学模式

（1）教学模式的含义

国外专家乔伊斯等认为，教学模式是构成课程和教学，选择合理教材，让教学者有步骤完成教学活动的模型和计划，并进一步指出：教学模式就是学习模式，因为教育的根本目的就是使学习者更容易更有效地进行学习，他们不仅获取了知识，还掌握了整个学习的过程。国内学者何克抗等人认为：教学模式是指在·定的教育思想、教学理论和学习理论指导下的、在一定环境中展开的教学活动进程的稳定结构形式其实，还有很多教学模式的定义，在这里就不一一列出。总之，教学模式就是教学者在一定教学理论、学习理论、教学思想的指导下，为在教学过程中实现预定的教学目的，采取各种方法和策略将教学的各个知识点衔接起来，使学习者掌握学习方法，明确知识的理论教学框架结构，并且其他教学者也可运用此教学结构达到相同或相似的教学目标的稳定结构形态。教学模式既是教学理论与教学方法实施的过程，又是教学经验的系统性概括，它既可以是教学者自己在实际工作中摸索到的，又可以是进行理论探究之后提出假设，并经过教学实践的多次验证后得到的。

（2）教学模式的结构

作为现代的教育工作者，特别是长期奋斗在教育一线的教育工作者，他们每一位其实都有一套展了自我风格的教学方式，这可以说是他们自己个人的教学模式。如果这一教学模式在教学中产生良好的教学效果，那么就可以推广。

一般情况下，一个教学模式的形成必须有相应的教学理论和学习理论指导思想、教学目标、教学过程的方案、实现条件、教学组织策略、教学效果评估等环节。

教学理论与学习理论指导思想即是教学者要具备教育教学的基本素养，能够在该思想的指导下进行知识的讲解并掌握学习者对知识的接受程度。教学目标是教学模式的核心，整个模式都是围绕目标的实现而创建的。因此，准确把握并定位教学目标是形成合理教学模式的基本准则，是检测教学模式在学习者身上产生什么结果最根本的要求。教学目标的设定需要准确而有意义，它的设定直接导致教学模式的操作和整个教学模式结构的定位。教学过程方案是为了使教学者更好地把握整个教学模式的开展，它是教学者教学和学习者学习的具体步骤，是整个教学的具体规定和说明。实现条件是指教学模式要产生作用，达到预定目标的各种条件之和，教学组织策略是指整个教学活动中，所有教学手段、方法、措施等的总和。教学效果的评估是指对教学活动的结果进行评判的标准和方法，一般情况下，不同的教学模式都应该有不同的评价标准和评价方法。

（3）基于思维的教学模式的特性

对教学模式的研究，不同的学者有不同的研究角度，有的从教学者和学习者的关系去分析，有的根据教学目标去研究，有的把重点放在教学手段上，有的根据教学组织策略，有的从课程的性质去把握，有的根据时代意义去设计和研究，在教学模式的研究上可以说是五花八门，研究方向和研究手段多样化，但是都有一些共同的特点：

一是独力性。思维是属于人类特有的活动。以思维的方式创建教学模式，具有独立的特性。教学模式是在一定的教学理论和学习理论的指导思想下产生的，由人以思维的特性创建出的教学模式具备思维的特性，当然这里的独特不是指整个教学模式是独立的，而是指该教学模式是在人类思维的控制下建立的，因此，它会根据人们自身的调节呈现出它自己区别于其他教学模式的独立特点。

二是逻辑性。思维是具有逻辑的。人们在思考问题时是根据一定的规律来进行判断的。因此，该教学模式从提出问题到推理整个教学的过程都是按照一定的逻辑顺序进行的。

三是灵活性。思维本身是灵活的。因此，以思维为中心的教学模式能够根据整个教学活动的具体情况灵活地进行调整，及时变换原来的模式结构，但又不会科整个结构的效果进行改变。它能使教学者和学习者根据自身的情况灵活地调节方案，但却又有方向上的指向性。

四是操作性。教学模式是为教学者和学习者提供参考的。因此，在教学模式指导下的教学活动策划人是能够理解、把握和使用的，并且还需要有一个相对稳定、明确的操作步骤，这也是思维为中心的教学模式区别于教学理论的特性。

五是整体性。整个教学模式的过程是一个完整的系统工程。它有一套完整的系统理论和结构机制，而不是集中教学理论的结合体，在使用时，必须从整体上把握整个教学模式的框架结构，不能仅仅是模仿，如果使用者不仔细地揣摩和领会其中的精髓，那么就达不到预期的效果，只能从形式上描摹罢了。

六是开放性。教学模式是由经验到总结，由总结到形成理论，由理论到运用，由不成熟到成熟逐渐完善的。虽然教学模式是一种稳定的教学结构形式，但这并不代表教学模式是一成不变的。时代在发展，教学模式也会根据教学的内容、教学的理念进行改变和发展的。所以，这就需要我们教学者在不断的实践中不断摸索新的方法，去丰富和完善教学结构模式。

（4）教学模式的功能及其对教学改革的意义

教学模式以简单明了的形式为我们阐释科学的思想和理论，以思维为核心培养的教学模式具备如下功能：

第一，掌握科学思维和方法的功能。由于整个模式的构建是基于思维为中心建立的，因而在教学者实施该教学模式时，整个教学活动的进行过程已经将科学的思维方法传授给学习者了，学习者在其中不但接受了来自教学者的知识，而且亲身领会了整个过程，享受了思维过程。

第二，推广优化作用。一旦整个教学框架变成了一种固定的教学模式，那么该教学模式就是多个教学经验丰富的老师的一切优秀教学成果的浓缩，当其他教学者使用该教学模式时又会添加进自己对教学模式的领悟成果，不断改进和推广教学模式的展开和延伸。

第三，诊断预测作用。当教学者在实施教学活动时，打算或将要采取某种教学模式时，一般都需要先预设教学目标是否能实现。根据不同的教学目标、课程内容、教学手段、教学策略，教学者会提前对整个教学情况进行诊断："譬如，这样教学的结果是否实现了教学目标，这样的教学过程是否恰当，等等。例如，教育家夸美纽斯的教学模式是："感知、记忆、理解、判断"，赫尔巴赫的教学模式是："明了、联合、系统、方法"。其实在教学者开展教学活动时都已经明确了整个教学过程要达到的目的是什么，这样做大致能得到什么样的结果。

第四，系统进化功能教学模式除了要求教学者完成对学习者知识的传授和方法的传递之外，还有一点是教学者自身检测的功能。教学模式是从"实践—经验—实践—理论"或者"理论—实践—理论"的过程，其中前者是经验工作者在实践的基础上拥有了某种经验，再推广到实践中运用，再形成方法论的理论模式供其他人学习和使用的过程；后者是教学了作者根据教育教学理论先摸索方法形成框架，再用于实践中论证，发现结果和预期一样再形成理论框架供其他人学习的过程。因此，教学者在使用或者借鉴他人的教学模式时，也是在改进自身知识结构的过程，同时也是对原有教学模式进行系统优化的过程。

二、基于科学思维模型构建的依据

1. 科学思维的内在要求

在前面的讨论当中，已经分析了科学思维的相关概念和特性，CT 作为一种典型的科学思维方法，所以具备科学思维的所有特性，科学思维是动态的体系结构，涵盖内容、目的、过程等方面。第一，科学思维的目的是对客观世界进行认识和分析，这一分析认识主要表现事物之间相互关联的因果关系，在科学领域建构模型是为了解决因果的系列问题；第二，科学思维要求内容与过程相互联系。因此，构建基于思维的教学模型必须满足这二者的关系。因为模型不但是体现科学思维的材料，而且同时还是科学思维作用的产品，并且建构的教学模型遵循了确定题目、解析题目、判断题目、探讨题目的过程。

2. 现有教学模式启发

大教育家杜威说过："持久地改进教学方法和学习方法的唯一直接途径，在于把注意集中在要求思维、促进思维和检验思维的种种条件上。"在学校教学中，教学手段和学习方法是需要不断改进的，教学者教学活动中采取的探究式教学、抛锚式教学、任务驱动式教学、自主学习等教学和学习活动也随时代的进步发展发生相应的变化。在当前CT方法深入课程教学培养要求愈演愈烈的情况下，再运用目前已经基本成熟的各种教学和学习模式，把新的计算思维方法融合进去，达到改进原有教学和学习模式的目的，完善缺少CT能力培养和应用这样一个环节的教学模式，使学习者在掌握计算机学科思想和方法的基础上，运用CT方法去学习和工作，实现内化CT能力的目的。

第四节　基于计算思维的探究式教学模型的构建

一、构建依据

探索以思维为核心的探究式教学模式，对于探究式教学理论的发展具有重要意义。基于计算思维的探究式教学模式的研究，应该从探究式教学的问题提出、问题探究、解决方法三个方面的变量进行建构。

（1）问题提出

探究式教学模式，指的是在教学者指导下，学习者通过"自主、探究、合作"为特点的学习方式对目前教学内容的知识点进行自主探究的学习，并且同学之间进行相互交流协作，进而达到课程标准对认知目标和情感目标要求的一种教学模式。认知目标，即对学科概念、知识、原理、方法的理解和掌握。情感目标，即是感情、态度、思想道德以及价值观的培养等，这其中重要的是提炼出合理的探究式问题。问题提出的主要依据是紧扣课程目标的要求，探究式问题的提出由认知目标和情感目标共同确定。

（2）问题探究

探究式教学的问题探究环节是对问题进行分步解决的过程设计。目标要求—问题提出—问题情景分析—问题分析—问题解决—结果出现—总结评价—组间交流。

基于探究的教学和学习过程一般步骤包括：对问题的提炼反映目标要求、搜集分析问题的情景、制定问题解决方案、得到结果、学习同伴相互交流、进行学习评价、查阅文献分析学习。由此概括出探究式教学的基本环节就是：提出问题、情景分析、问题分析、问题解决、得出结果、总结评价。

（3）解决方法

传统的探究式教学在解决方法中没有刻意地去强调和要求，而对于基于CT的探究式教学模式，在解决方法上是一个重点环节，所以在第一环节的问题提出和第二环节的问题探究都必须考虑到CT的因素，在各个环节都需要加入CT方法的因素，运用CT的方法贯穿整个探究式教学的过程。在考虑运用CT方法时，应该考虑四个层次的模型结构，以此形成完整的模式结构模型。

创建基于 CT 的探究式教学模式应该在以探究式理论基础为第一层次的结构层次中考虑 CT 方法的运用，解决方法的过程应该贯穿各个层次。

二、教学模型构建

基于计算思维的探究式教学模型分为五个步骤，分别是创设情境、运用 CT 方法启发思考、运用 CT 方法自主探究、用 CT 方法协作学习、根据课程教学的实际情况总结提高；学习者活动分为形成学习心理，思考学习计划，收集材料加工内容，相互协作讨论，自评、自测、互评、拓展、知识迁移；教学者教学活动分为提炼探究问题，引导学习者思考、启发性学习，协助提供学习资源，为学习者提供必要的帮助以及总结分析学习成效。

教学模型的特点是以 CT 方法贯穿教学者和学习者整个教与学的全过程为核心要素，也即 CT 贯穿于整个结构模式的五个步骤当中。

第五节　基于计算思维的任务驱动式教学模型的构建

一、构建依据

"任务"驱动式教学就是任务、教学者、学习者三者之间相互作用的结果，整个教学过程以"任务"为主线，将教学者和学习者联系起来。传统的任务教学中，教学者只对学习者完成的任务作评价，学习者在完成过程中需要运用什么方法去解决，则基本不作要求。基于 CT 的任务驱动教学则以确定任务为核心，以培养学习者运用思维方法完成任务为准绳，需要学习者在完成任务的过程中还用科学思维的方法解决问题。因此，应该从"任务"的确定、"任务"过程、解决方法三个方面构建基于计算思维的任务驱动式教学模型。

（1）"任务"的确定

"任务"驱动式教学强调以学习者获取知识为中心点，要求学习者在完成"任务"时必须与学习的过程紧密结合，并在完成"任务"的过程中获取知识学习的动机和学习活动的乐趣。"任务驱动式"教学要求在真实的学习和教学环境下，教学者把握整个教学活动，学习者掌握学习的自主权。就整个教学活动而言，"任务"活动式教学分为三个部分：教学者、任务、学习者，三个因素缺一不可，相互作用，紧密结合，构成完整的教学整体。教学者采取的教学方式、方法、手段以及教学目标、教学任务是教学的主体，学习者的学习方式、方法、手段是教学互动的认知书体。认知主体在教学模式下取得的成绩，是使教学模式反馈于教学主体的客观反映，教学主体的目的也得以在该教学模式下取得了相应的成果。

因此，在"任务"选取和确定中，应该以认知主体是否能在该教学模式下完成教学主体预定目标而进行设定。

（2）"任务"过程

基于"任务"驱动的教学过程其实质是要求对教学活动的"中心"进行确定，使教学者和学习者能够更好地围绕这个主线的展开而进行教学和学习活动。

基于"任务"驱动的教学要求是教学者在实施教学时就已经对教学目标分析透彻的基础上设计出的教学任务。学习者再根据教学者呈现的"任务"进行过程性解决，实现掌握知识完成任务的目的，最后，当学习者呈现作品时，教学者再进行总结评价指导。

（3）解决方法

在基于"任务"驱动的教学中，已经将传统意义上的教学者从知识传授、教导的主导者转变为整个教学活动的指导者、知识讲解的辅导员；学习者也成了知识学习的负责人，构建知识架构的主体，在教学者的辅导下开展自主的学习。因此，在进行以"任务"为驱动的教学活动中要掌握教学者和学习者的活动规律，掌握课程的知识目标，才能更好地构建解决问题和完成任务的知识结构体系。在实施"任务"驱动的过程中应该避免只要求结果、不讲求方法的教学方法。在这样的教学活动中，学习者才是真正的知识结构主体，要求学习者在完成教学任务的同时，要学会运用"科学思维"去分析问题并解决问题。因此，基于 CT 的任务驱动式教学要求学习者能够熟悉并运用 CT 方法渗透到任务完成的各个环节。所以在实施"任务"驱动教学时应该运用 CT 关注点分离等方式进行。

二、教学模型构建

基于计算思维的任务驱动式教学模型围绕任务，教学者展开了五个步骤的活动，学习者展开了六个步骤的学习。教学者的工作是课前的准备、任务的设计、任务的呈现、指导学习者实施任务、对学习者上交的作品进行总结评价；学习者的工作是课前预习相应课程、形成相应良好的学习心理、明确目标任务、完成任务、得到结果相互交流、对结果进行反思评价。

基于计算思维的任务驱动式教学模型的特点是将 CT 的方法运用于教学者和学习者对"任务"进行操作时的所有步骤，一系列任务的设置和实施都围绕 CT 的方法展开，即将 CT 方法应用于教学者的教学五步骤和学习者的学习六步骤当中。

第六节　基于计算思维的网络自主学习模式模型的构建

一、构建依据

根据教育教学材料的分析，学习模式是在教学思想和学习理论的指导下，围绕教学活动开展，针对某一教学主题，形成系统化、理论化并相对稳定的教与学的范式结构。随着高新技术产业的发展，很多高新技术产物——学习工具走进课堂，移动学习工具等的发展使在线学习方式也随处可见，学习者利用网络中获取的材料进行自主的学习已经成为教学改革的重要方向。

目前，各个高校都具备相应的软硬件设施设备，基于计算思维的网络自主学习主要依据以下几个方面：

①各高校良好的学习软硬件环境；②学习者对网络平台的喜爱；③学习空间不受地理条件所限制；④学习进度可随时自我调节；⑤以计算思维方法完成自我学习。

二、学习模型构建

"网络教育的兴起和开放有一个突出的特点是真正做到了不受时间和空间的限制，学习者可以在有网络的任何一个角落开展学习和研究，从而使受教育的对象扩大到全社会的人民，同时还可丰富和发展教学资源的建设。"在这样的环境下，传统的教学方式也受到了一定的冲击，曾经有学者指出：当前的社会正在开展一种全新的教学和学习模式，所有的教学者和学习者都应该树立全新的教育和学习理念，以此适应时代的进步和科技的发展。也有学者预言，在未来的几十年，纸质书籍将逐渐被淘汰。

网络环境下基于 CT 的自主学习模式，是指在 CT 方法的指导下，以现代教育思想、学习理论和教学理论为指导，充分运用网络提供的信息资源以及良好的网络技术环境，使学习者提高积极性，充分发挥自己良好的主动性、创造性。基于 CT 的网络自主学习模式主要是将教学者的教学指导行为和学习者的学习行为结合起来，达到合理利用网络资源，采用先进科学思维方法获取知风，学会自我思维，自我获取有效信息，掌握解决问题的思维方式。

该模型主要由三部分组成：学习者、教学者、网络环境与网络资源。学习者利用良好的网络环境（良好的软硬件环境提供资源智能交互、呈现情境时空不限、支持协作师生交流、自主探究生生交流）和上富的网络资源（文字、模型、声音、图片、图形、图像、视频、动漫）在 CT 方法的指导下进行学习问题的反思、问题的解决方案和该类知识点解决问题的思路；其间教学者可以适时参与指导，也可以完全不参与。

第七节　计算思维能力培养的教与学模式在计算机基础课程中的应用

前面时基于 CT 的探究式教学模式、任务驱动式教学模式、网络环境下的自主学习模式进行了说明,本节将两种教学模式应用于计算机基础课程—《C 语言程序设计》和《软件工程》课程当中。

一、基于计算思维的探究式教学模式在《C 语言程序设计》教学中的应用

1.《C 语言程序设计》目标

计算机程序设计语言的理论基础是形式语言,自动机与形式语义学。目前,大部分学校在教授程序设计课程中,多采用传统的教授法和结合实验的上机操作实践来使学习者熟悉和巩固课堂上所讲解的内容。"著名的华裔科学家、美国伯克利加州大学前校长田长霖从对中外理工科教学方式的比较中,提出了理想的高层次理工科教学方式:教理工科的课不能推导公式,推导公式是最简单的,教学者可以不备课;在课堂上要讲的是公式的来龙去脉:人家发现这个公式时遇到了哪些困难,摸索的过程是什么情形,走过什么道路,最后怎么变成这个正确的公式,这个公式将来的发展趋势是什么,它还可以做什么钻研等,上课时,这些内容应作启发性的讲解高级语言程序设计的教学重点不在于如何解决某些实际问题上,这是因为,一方面受教学计划学时的限制;另一方面,学习者尚不具备解决实际问,题的知识基础和经验积累,我们必须致力于讲授解决问题的思想和方法的教学方式,它尤其适用于高级语言程序设计的教学设计和课堂教学",因此,在教学设计和实施具体教学过程中,必须明确培养和提高学习者的 CT 能力是最终目的,而具体的程序设计只是实现这个目的的一种手段。

2.基于计算思维的探究式教学模式在课程中的应用描述

对于 CT 的抽象等特点,通过"寓教于乐"的方式来培养学习者的 CT 能力能达到事半功倍的效果。下面,我们根据程序设计课程教学的特点以及 CT 一系列学习技巧和方法,构建以下教学模型,运用该模型进行程序设计课程教学,培养学习者的 CT 能力,提升教学效率和帮助学习者提高学习效果,进而使学习者掌握计算机方法论。该教学过程的模型分为教学者教学模型和学习者学习模型两个部分。

教学者教学时首先确定教学目标、分析学习者特征、分析教学内容,然后在此基础上进行培养学习者思维能力的问题设置、良好教学情境的创设,最后进行知识点的讲解,同时,运用"轻游戏"作为辅助教学的工具,让学习者熟悉游戏规则,对"轻游戏"获取一定的感性认识,并运用"轻游戏"辅助教学,观察学习者在课堂上的反应,让学习者参与进来一起讨论总结。

学习者在自主学习时首先应明确学习目标，将教学者所讲的知识转换内化，同时利用"轻游戏"巩固递网、赢得游戏的策略算法问题，并总结提高如果效果良好，则对这个学习过程进行总结评价，为以后的学习打下更牢的基础；如果效果不理想，则回顾学习，并在教学者指导下更好地利用"轻游戏"辅助学习相应的知识，实现掌握知识，内化学习方法的目的。

3. 各教学环节具体开展情况

作为算法领域内具有代表性的"汉诺塔游戏"和策略与对策领域具有代表性的"井字棋游戏"都属于"轻游戏"的典型，下面通过对这两款"轻游戏"的分析，验证教育游戏在程序设计课程中对学习者 CT 能力进行培养的研究。

以"汉诺塔"游戏为例：当我们的教学者在进行程序设计语言课程的"循环结构"教学时，一般会给同学们讲到"递归"，"递归"问题本身很抽象，因而无论教学者怎样讲解，学习者都不能很好地理解老师口中的"递回"问题。作为教学者，应该怎样让学习者理解知识点的同时又培养其程序设计的 CT 能力呢？所以，让学习者轻松愉快地掌握相应的知识点，合理运用"娱教技术"，在面对一些难讲难解的问题时就能很好地化解。下面我们运用"汉诺塔"游戏来解决"递归"算法的典型问题——"汉诺塔"问题。题目如下所示：

庙里的僧侣们将第一根宝石柱上的 64 个金圆盘借助第二根宝石柱全部移到第三根宝石柱上，即将整个塔迁移，同时定下 3 条移动规则：

（1）一次只能移一个盘子；

（2）金盘只能在三根宝石柱上存放；

（3）在移动过程中，任何时候大盘都不能放在小盘上面。

对于该例子，我们进行下面的问题描述和算法分析，并根据该算法设计相应的游戏"假设这三个柱子分别为源柱、工作柱、目的柱，"汉诺塔"的问题是：将 n 个圆盘从 A 柱（源柱），利用 B 柱（工作柱）搬移到 C 柱（目的柱）。

游戏设计的操作步骤如下：

第一步：如果 n=1，则将 1 个圆盘由 A 移至 C，结束过程；否则执行第二步；

第二步：由 3 小步组成：

（1）将 A（源柱）上的（n-1）个圆盘移至 B（目标柱），以 C 作为工作柱；

（2）将 A 上剩下的一个圆盘移至 C；

（3）将 B（源柱）上（n-1）个圆盘搬移到 C（目标柱），以 A 为工作柱。

我们知道"汉诺塔"问题的解决方法是典型的"递归"算法，这种方法在解决问题时十分有用，利用它递推和回归的原理，使一些复杂的问题变得清晰而简单根据它的特点建立相应的模拟移动数学模型，并根据数学模型设计相应的游戏，学习者按以上"操作步骤"移动源柱上的圆盘。圆盘可以垒起来，但是必须把小的放在大的上面，成功把圆盘顺序不变地堆到目的柱上则为此关通过，同时游戏者进行下一关游戏，此时源柱上的圆盘增加到 4 块，依次类推，学习者不断地闯关，源柱上的圆盘就一次次增加，直到搬完源柱上的 $2^{64}-1$ 个模块为止。此时，学习者已经明白"递归"方法的原理，我们再设计出数学模型的算法，并根据算法写出求解问题的程序，完成相应的教学和学习任务。

对比传统的程序设计课堂教学：教学者在讲解了相应的方法之后，学习者就依照教学者的讲解编写程序并上机调试，本堂课的教学任务完成。这样的学习过程，学习者根本没有领会到"递归"算法的实质所在。但是，如果教学者通过"轻游戏"的方式进行相应知识的教学，让学习者通过游戏进行知识点的亲身体会，其结果就完全不同。因为游戏让学习者理解程序设计的算法，身临其境地感受"递归"算法，从而掌握"递归"算法。这样的教学过程，不但使得教学容易，而且学习者学习知识也能事半功倍。而在程序设计课程教学中，通过这样的教学能高效地培养学习者的 CT 能力。同时，这样的讲解也更好地为《C 语言程序设计》后面的章节链表等用顺序结构的方法来实现"汉诺塔"问题是否一定只能用"递归"解决埋下伏笔，引导学习者一步一步探索新的方法。

二、基于计算思维的任务驱动式教学模式在《软件工程》教学中的应用

1.《软件工程》课程要求

软件工程是一门发展迅速而研究范围很广的学科，包括技术、方法、工具、管理等方面。SOC（美注点分离）、后发式推理、迭代思维等求解复杂问题·的思维方法经常被运用到软件工程学科的教学活动当中，而如何将软件工程的新技术、新方法传授给学习者，使他们能真正掌握基本的软件工程原理和方法，是《软件工程》课程教学改革的核心内容。对此 . 将"基于任务驱动式教学模式"应用于《软件工程》课程的教学中，达到教学目标的要求。

2. 基于任务驱动式教学模式在课程中的应用描述

基于 CT 的任务驱动式教学主要从三个板块，即理论知识为基础、软件技能为核心、项目实践为内需拉动整个《软件工程》课程教学的展开和学习者学习能力与思维能力的改善与提升。整个教学活动的开展情况如下：

该教学活动以掌握软件工程理论知识为基础，其中包括了解并熟悉软件工程的含义、软件项目管理、需求工程、软件工程形式化方法、面向对象基础 / 分析 / 设计、软件实现、软件测试、软件演化等知识；以运用软件技能为核心，其中包括软件项月需求分析、项目可行性分析、软件设计、开发与测试、系统测试、Bag 测试等；以完成项目实践开发为标准，其中包括项目策划（即选题）、项目分析（即需求分析）、项目设计（即实现

项目原型）、项目开发（即编写代码、原型开发、修改原型）、项目评价（测试）（即单元测试、整体测试、修改）、项目后期（即维护与服务）。

该模型分为横向和纵向两个方面开展：

横向方面，首先教学者根据前面提到的《软件工程》课程的基础、核心、标准这三个板块来组织整个教学的进行。需要教学者首先运用CT递归，关注点分离，抽象和分解，保护、冗余、容错、纠错和恢复，利用启发式推理来寻求解答，在情况不确定下的规划、学习和调度来分析整个课程的结构；并向同行或软件行业的企事业单位调查软件行业的情况，并提出针对性教学的方案；同时征询同行或软件行业专家的意见确定软件实践项目的选题，整个教学过程以分组，运用所学知识选取软件项目，组织教学，考核评价四个环节进行。此时学习者在教学者的指导教学下，运用CT方法强化软件工程理论，分组讨论所学知识，内化转化所学理论，并对软件项目实施初步的任务学习计划，当掌握了一定的理论和技术之后，进行实践的软件项目开发，在实践项目开发时运用计算思维启发式和关注点分离的方法对整个项目的立项、实施、结项等一系列的工作实现高效的管理和分配。

纵向方面，教学者教学的每一步骤与学习者学习的每一个步骤相互对应。整个课程教学完毕，需要进行相应的考核评价，课程模块和教学模块之间，根据学习的实时情况分别进行总结交流、信息反馈、项目鉴定、综合评价等考核。

当学习者掌握整个模型的知识点环节，懂得如何运用CT的方法之后，学习者再通过已获得的知识和方法内化知识，反思评价自己的学习过程和学习方法，自主建构属于自己学习的框架和方式在这整个教学和学习过程中，都通过一系列基于CT的学习方法展开。

3.各教学环节具体开展情况

（1）理论基础的学习

本节知识在教学者的指导下进行分组学习，要求教学者分析课程结构，实施分组教学时，合理地使用CT方法将软件工程的含义、软件项目管理、需求工程、软件工程形式化方法、面向对象基础/分析/设计、软件实现、软件测试、软件演化等知识方面传授给学习者，学习者根据教学者的指导，运用CT方法强化理论知识，交流讨论所学理论，熟悉软件工程学科知识的基础，为后面的学习做好铺垫。同时，教学者根据学习者的学习兴趣、特长等进行项目的分组，并为每个小组确定一个组长。

（2）软件技能的强化

此部分的重点是项目的选择，根据选择的项目实现学科技能的教授和训练，此部分要求教学者事先到软件行业的企事业单位了解当前软件的发展趋势和需求问题。并运用CT方法对软件工程的需求分析、项目可行性分析、软件设计、开发与测试、系统测试、Bate测试等技能知识向学习者讲授，使学习者掌握相关技能之后，再进行项目的选取，项目的选取必须满足四个方面要求：第一，在项目选取时需要教学者牢牢把握目前高校人才培养目标和软件工程教学大纲的一系列要求，并以教学目标、教学内容为依据；第二，要求选择的项目是可行的，能具体实施的，学习者易于接受和处理的，以此保证在后面的教学和实践环节中知识才具有可操作性；第三，项目选择时还必须考虑学习者的学科背景、专业特色以及学校教育规定时间内能够完成的，如我们常接触到的学习者成绩信息管理系统、图书管理系统、人事系统、教学系统等；第四，项目的选择必须依托当前软件发展行业的发展和需要，要切合时代背景为学习者选择实践学习的目标。

当确定项目之后，学习者根据教学者的指导和自身掌握的知识进行初步的项目实施，对项目实现初期的实习操作。

（3）项目实践的开展

在本环节中，教学若是教学实施的主体，项目是检验和实现学习者学习成果的标准所在，教学者的主体体现在组织教学和指导学习者进行项目实践过程中，学习者的主导体现在每个项目实践环节结束后，应呈现相应的文档、设计和代码等，每个小组的组长带领学习者共同完成该小组的项目，并合理分工协作，体现出每个同学的自主性。在项目的正式实施过程中，教学者带领其他的项目小组对本学习小组实施的阶段性工作进行验收，在本阶段工作完成之后，方可进行下一阶段项目的实施，通过验收的学习小组同时也要参加其他项目小组的检查和验收，以此吸取另外学习小组的精华所在。

学习者在实现项目开发的过程中，需要运用CT启发式原理和关注点分离（SOC）方法的模式对整个软件项目化繁为简，在实现项目开发时秉持二维开发原则。

（4）项目考核的评价

传统的软件工程教学评测、评价仅仅是通过试卷考核学习者掌握相应知识版块的方法，此方法的弊端是尽管学习者考试考出很高的分数，但当遇到实践问题时仍然束手无策。而对教学者的考核评价则是通过学习者学习成绩的高低来评价其教学效果的优劣的。

基于CT能力培养的软件工程学科教学则必须要求改革传统的考核方式，建立一种科学而有效的评价体制。该课程的考核不应该是理论考核，而应当以实践项目为评价标准，对学习者所掌握的方法、技术和软件理论综合起来进行考评。同时也需要将教学者的理论、技术、方法和项目实践能力作为整个学科课程的考核范围。

4.具体案例实施——"五步法"掌握软件项目开发过程管理

《软件工程》课程关系到软件项目的调研、开发、实施、测试、应用等多个阶段，如何高效、可行、有效地开发出符合客户满意和商业需要的软件产品，是《软件工程》课程需要解决的重难点。因此，让学习者运用软件工程相关知识开发出相应的软件成品，内化知识并拓展运用，那么课程的重难点就自然突破了。

第一步：师生准备材料

如何开发一款软件产品？项目开发过程需要了解软件项目管理的哪些知识点？软件项目管理的原因、内容、知识体系结构以及项目管理工具、软件项目开发过程的管理等知识都需要教学者和学习者在软件开发之前了解乃至掌握，学习者在教学者的带领下，运用 CT 方法分析课程基础知识，分析软件行业各种需求情况。

第二步：设计"任务"——需求分析

对此，教学者就"计算思维专题网站的系统"开发为例，要求学习者设计开发 CT 的专题网站系统，教学者可设计如下的课程任务：

学习《软件工程》课程之后，要求学习者以自建小组为单位，完成 CT 专题网站系统的设计开发。开发前，需进行可行性、需求分析，当教学者把课程以"任务"的形式设计好以后，教学者就围绕"任务"进行教学，而学习者则根据该课程的教学边学习边开始软件产品的开发。由于开发软件产品是一个过程，因此，在此步骤中教学者将课程的庞大任务分解、分离为简单的问题，然后再以完整作品的形式对学习者提出完成课程任务的要求此设计不但能提高教学者教学效率，也使学习者在完成任务的过程中，学习教学内容并综合应用教学内容。在整个过程中，教学者采用 CT 分解复杂问题，采取关注点分离（SOC）方法把一个庞大复杂的问题转化为各个小问题。

第三步：呈现"任务"——软件设计

在此步骤中，教学者在已经设计好教学任务的基础上，呈现所设计的教学任务，并对任务进行合理的分配。学习者根据教学者的要求，明确任务目标，在教学者引导下运用 CT 方法分解任务，探寻完成"任务"的渠道。此时可呈现如下的"任务"设计：

搭建 CT 专题网站系统，要求整体把握 CT 在国际国内的发展趋势、CT 方面相关研究、CT 在各高等职业院校研究情况、CT 学科专家学者、CT 方面资源汇总、CT 论坛互动等板块内容。

此步骤教学者呈现 CTC 题网站系统大概框架，对其中需要强调交互性能及对重点突出的板块进行讲解说明，学习者根据软件系统和教学者的指导要求，确定软件开发的各个板块分工。

第四步：实施"任务"——软件实现

此步骤中，为了更好地完成教学任务，教学者需要帮助学习者对任务进行深入的分解和剖析，合理地划分复杂的任务，安排相应的小组成员担任完成各个小任务的负责人和完成人。

这里假定一个小组由 5 个成员（在此，我们用 A，B，C，D，E 替代）共同组成开发团队。此时，根据系统任务的需要，我们将任务划分为相应的小任务，每个成员完成一个小任务，由 A 担任小组长，根据开发任务的需要合理安排和分配任务的进行，称之为总任务 A；

B 担任软件系统可行性报告、需求分析报告的调研写作工作，称之为任务 B；C 根据可行性和需求分析报告，进行软件系统的设计，称之为任务 C；D 根据软件的设计进行软件产品的开发、运行、测试工作，称之为任务 D；E 进行项目的管理、系统推广等工作，称之为任务 E；结束后，A 小组长根据成员 B、C、D、E 的工作汇总大家的任务，形成完整而有效的软件产品。在此值得注意的是，在每个成员完成任务的过程中，他们还可以把自己的任务分解为一个个更小更具体的任务实施和完成。

第五步：总结评价，反思内化

在任务完成之后，学习者上交一份小组成品和个人成品 . 并进行集体展示、交流。此时，根据各小组的作品，集体针对其中存在的问题，相互交流探讨，并拓展讲解其他软件产品的开发知识等。教学者对整个学习过程进行点评、总结，对其中优秀的作品进行分解讲授，带领学习者共同提高。同时，指导学习者，在以后进行类似工作的完成过程中可以运用相应的方法完成任务。如教学者在实施教学时，就可以采取这种小组协作完成任务的方式进行教学；而在一些社会化的工作，如大型软件项目开发的过程中，可以运用 CT 化繁为简、SOC 关注点分离等方法开发软件，等等。

第五章 基于混合式学习的计算机基础课程教学优化实践

随着新信息和通信技术（ICT）的蓬勃发展，传统教学模式的地位逐步被新的教学模式所替代，以学习者为中心的教学理念已经深入人心，学习者需要的不再是单一的课程，而是可以按需获取、以个人学习为中心、能充分利用各种新技术和新方法的新型学习模式。以学习者为中心，需要充分尊重学生个体差异，将教师从传统的把关人转变为学生的辅导者，让学生能够用最合适的学习方式进行学习，于是混合式学习应运而生。结合上一章基于计算思维的计算机基础教育课程教学与学习模式的研究，本章进一步探讨基于混合式学习的计算机基础课程的教学优化及实践。

第一节 混合式学习的现状

一、混合式学习的产生

在我国，无论是中小学还是高等院校都在进行各种各样教学改革的探索，计算机技术和通信技术的发展已经很大程度上改变了学校教学的环境和条件，但以教师为主导的传统教学结构并没有发生根本改变，学生的学习积极性、教学参与度不高，思维能力没有得到很好的培养。而电子化学习突破了时间和空间的限制，使个别化、协作教学变为可能，优秀的教学资源通过网络能让大家共享，教学内容也更加生动、丰富。但 e-learning 不适合情感目标和动作技能目标的实现，加上这种学习方式受学习者的自控能力和认知风格的影响很大，故 e-learning 中常常出现较高的"辍学率"，以及学习者对新技术的不适应等等问题说明了单纯考虑技术环境的设计和纯粹的技术应用不能有效地改善教学质量和效率，面授教学方式也是有其不可替代的优势的。

"混合式学习"来自英文的"Blended Learning"或"Blending Learning"，目前国内存在多种翻译如"混合学习""混合式学习""融合性学习"等。它最初产生于企业培训领域，当人们发现单纯的 e-learning 培训效果并不能达到预期效果时，便开始反思并提出"Blending Learning"的想法。混合式学习，一方面是指将几种不同的教学信息传递方式进行结合的一种培训解决方案，如合作软件、网上课程、电子绩效支持系统

（EPSS）和知识管理等；另一方面，混合式学习也包括各种不同的学习形式，如面对面的课堂培训、生动的电子化学习和自主式学习等。

把混合式学习的理念引入学校教学中，将e-learning与传统课堂教学有机地结合起来，优势互补，既可以克服传统课堂教学的弊端，又可以弥补网络教学的不足，在大学生数量增多的情况下，让现有的信息化环境发挥出更大的效益，可以说混合式学习是对传统教学改革和对 e-learning 反思后变革的融合点。

二、混合式学习的界定

国外的混合式学习最初是被用来改进企业 e-learning 培训的方式，着眼点在于引进面对面的传统的课堂学习方式来对电子化学习进行改进，关于混合式学习目前没有统一定义，国内外学者从不同的角度对它进行了界定。

1. 国外学者的观点

Harvi Singh 和 Chris Reed（2001）的理解是，"混合式学习可描述为应用多种传递方法的学习计划，其目的是使学习成果和学习计划传递的成本实现最优化"。他们将混合式学习定义为：混合式学习注重应用"恰当的"教学技术与"恰当的"个人学习风格相匹配，以便在"恰当的"时间将"恰当的"技能传递给"恰当的"人。

这个定义中包含的原则是：①运用混合式学习时应该首先考虑学习目标，而不是传递方法。②为了满足广大受众的需要，应当支持多种不同的个人学习风格。③每个人都将不同的知识带入学习体验中。④在许多情况下，最有效的学习策略就是即时、即需。

Margaret Driscoll（2002）认为混合式学习指的是四个不同的概念：①结合（combine）或混合（mix）多种网络化技术（如实时虚拟教室、自定步调学习、协作学习、流式视频、音频和文本）实现教育目标。②结合多种教学方法（如建构主义、行为主义、认知主义），利用或不利用教学技术产生最佳的学习成果。③将任一种教学技术（如 CD-ROM、网络化培训、电影）与面对面的教师指导的培训（ILT）相结合。④将教学技术与实际工作任务相混合或结合，以使学习和工作协调一致。

Michael Orey（2002）认为，应该从学习者、教师或教学设计者以及教学管理者三者的角度进行定义。从学习者角度来看，"混合式学习"是一种能力，指从所有可以得到的并与自己以前的知识和学习风格相匹配的设备、工具、技术、媒体和教材中进行选择，帮助自己达到学习目标；从教师或教学设计者角度来看，是组织和分配所有可以得到的设备、工具、技术、媒体和教材，以达到教学目标，即使有些事情有可能交叉重叠；从教学管理者角度来看，是尽可能经济地组织和分配一切有价值的设备、工具、技术、媒体和教材，以达到教学目标，即使些事情有可能交叉重叠，Orey 还指出这些设备、工具、技术、媒体和教材包括书籍、计算机、学习小组、教师、教室、虚拟教室、非传统教室、教学指南等。

美国培训所对混合式学习的定义为：它是关于学习者如何掌握并且提高个人学习工作绩效的学习方法，是以下几个方面的统一协调：①商业，绩效目标。②小组学习者共同学习最优化的学习方法。③学习内容最好的个性化展示以及学习的各种方法。④支持学习、培训、商业以及社会活动的各种资源。⑤最大化地提高与人接触、交流及处理社会关系能力的方法。

2. 国内学者的观点

华东师范大学的祝智庭教授将 Blending Leaming 译为"混合学习"，上海师范大学黎加厚教授把它译为"融合性学习"，认为"融合性学习"是指对所有的教学要素进行优化选择和组合，以达到教学目的，同时指教师和学生在教学活动中，将各种教学方法、模式、策略、媒体、技术等按照教学的需要灵活地运用。

华南师范大学的李克东教授认为，混合式学习（Blended Leaming）是人们对 e-learning 进行反思后，出现在教育领域，尤其是教育技术领域较为流行的一个术语，其主要思想是把面对面（Face-to-Face）教学和在线（Online）学习两种学习模式进行整合，以达到降低成本，提高效益的一种教学方式。

北京师范大学何克抗教授认为，Blending Learning 是个"旧瓶装新酒"的概念 Hending 一词的意义是混合或结合，Blending Leaming 的原有含义就是混合式学习或结合式学习，即各种学习方式的结合。例如，运用视听媒体（幻灯投影、录音录像）的学习方式与运用粉笔黑板的传统学习方式相结合；计算机辅助学习方式与传统学习方式相结合；自主学习方式与协作学习方式相结合，等等。

进入 21 世纪后，随着因特网的普及和 Jaming 的发展，国际教育技术界在总结近十年网络教育实践经验的基础上利用 Blending Leaming 原有的基本内涵赋予它一种全新的含义：Blending Learning 是要把传统学习方式的优势和 e-Learning 的优势结合起来，也就是说，既要发挥教师引导、启发、监控教学过程的主导作用，又要充分体现学生作为学习过程主体的主动性、积极性与创造性。目前国际教育技术界的共识是"只有将这二者结合起来，使二者优势互补，才能获得最佳的学习效果"。

三、国内的研究和实践

由于受国外培训方式的启发和影响，以及与国外培训机构的合作，国内以开展学历培训为主的培训机构在近几年采用混合式学习方式的逐渐增多，如北京新财富英语培训学校、中国人民大学工商管理网络研修班等，也有许多 IT 培训机构在采用混合学习方式。

北京某培训学校是一家从事商务英语培训的高端英语培训机构。学校从美国引进了一套网络英语课程及相应的学习管理系统，该学校结合这套课程采用了集中混合式学习模式。课程主要集中在多媒体教室学习，在整个学习过程中超过 70% 的时间通过网络完成，30%的时间是教师的辅导和答疑，网络课程和学习管理系统承担了学前测试定级、主体教学和学习效果检测三方面的任务，而每周有两个固定时间段是集中答疑和口语训练时间通过几轮培训效果的检验，学生通过采用集中混合式培训的方式取得了良好的学习效果。

中国人民大学工商管理网络研修班采用了混合式学习。它主要针对的是民营企业的管理人员，学时为一年半。由于大多数受培训者忙于企业日常管理，没有办法完全脱产学习，而完全采用网络学习又达不到预期的效果，所以采用了混合学习的网络培训模式，主要将课程分为三个阶段，每个阶段为时六个月，有五个月的时间学员通过互联网参加学习，教师定期网上辅导；另一个月的时间进行集中面授。这种方式在课程设计上比较灵活，可以根据具体内容来设计在线学习与面授的比例，这样整个过程采用网上授课与面授穿插进行，最终能达到预期的效果。

目前，在传统高校中进行混合式学习研究的主要有北京师范大学，它开展了"多媒体技术"和"红楼梦"课程的研究，并取得一定成果。

从以上国内的研究情况可以发现，目前混合式学习课程主要在企业培训中应用较多，对象大多为在职学习者，以在线的远程教学为主，辅以其他方式，如讨论、信息发布与面授等，能有较好的效果，高校中将混合式学习方式应用于课程教学的还很少。

第二节　混合式学习的理论基础

一、人本主义理论

人本主义心理学是20世纪五六十年代兴起于美国的一种心理学思潮，其代表人物主要有马斯洛和罗杰斯。人本主义学习理论主张将学习看作是个体因内在需求而求知的过程，在此过程中个体所学到的不仅仅是知识或良好的行为方式，更需要的是促进学习者人格的健全发展和完善，同时，人本主义学习理论将学习分为无意义学习和意义学习两种方式，并对意义学习的特点和促进意义学习的条件作了较系统的阐述，深化了人们对学习实质的看法。

人本主义学习理论的核心内容具体体现在以下几个方面：

（1）教育目标从"学会学习"到"自我实现"

马斯洛认为，"教育的目的、人的目的、人本主义的目的、与人有关的目的，在根本上就是人的自我实现，是丰满人性的形成，是人种能够达到的或个人能够达到的最高度的发展，说得浅显一些，就是帮助人达到他能够达到的最佳状态"。教育的最终目标是人的"自我实现"。人本主义心理学认为，人生来就具备发展的巨大潜能，只要这种潜能发挥出来，就能获得成功。没有什么东西比成功更能激发前进的动力，不断失败的学习体验会使学生在现实的学习中产生自卑感，畏缩不前。

教育的现实目标是促进学生学会学习。罗杰斯曾说："只有学会如何学习和学会如何适应变化的人，只有意识到没有任何可靠的知识，只有寻求知识的过程才是可靠的人，才是真正有教养的人。在现代社会中，变化是唯一可以作教育的依据，这种变化取决于学习的过程，而不是静态的知识。"因此，应该把学生培养成为"学会如何学习的人""学会如何适应变化的人"。

（2）教学过程从重传授知识到重人格培养

人本主义教育思想认为，教育是培养健全的人格，而不是分数，它认为教学过程应充分重视人性的培养，罗杰斯反对把教学过程简单地理解为学生获得某一知识的过程，强调教学过程除了使学生获得知识之外更应使学生获得相应的学习方法，促进其健全人格形成的过程。在学习过程中人本主义心理学家重视意义学习，他们认为意义学习是一种自我主动的学习。为了使学生主动地进行意义学习，教师的任务是创造学习条件，创设问题情景，提供学习资源，鼓励学生积极探索，最大限度地挖掘学生的学习潜能，使学生的学习尽量富有个人意义，从而提高学习效果。

（3）学习过程重视意义学习，提倡自由探索

罗杰斯将学习分为两种基本类型，即有意义学习和无意义学习。人们的一般看法是，前者是指学习的材料能为学习界所理解，或材料有价值值得学习；后者是指学习的材料不能被学生所理解，或者没有什么价值，不值得学习。罗杰斯认为意义学习是最重要、最有价值的学习，因为在意义学习中，学生的整个身心如认知、情感活动都卷入其中，最大限度地调动了积极主动性，因而所学内容记忆时间长，学习效果好。

（4）教育评价从外部评价转向自我评价

罗杰斯提倡学生的自我评价。自我评价的本质是使学生门已承担学习的责任，让学生自己了解是否已经尽了最大努力，在学习中有什么缺点和不足，思考自己提出的问题时的思维品质，使自己始终处于学习过程的中心，从而使学习变得更加主动、有效、持久。

人本主义理论对混合式学习的研究具有指导作用和借鉴意义。混合式学习的自主学习活动中，由于学习方式的多样性和灵活性，学生可以根据自己兴趣和能力来选择学习内容和方式，调动了学生的学习积极性。在需要协作的学习活动中，同学间相互帮助，相互学习，可以促进学生的沟通交流能力，面对面学习又可以增加师生间情感的交流，教师可以通过自己的言行潜移默化地影响学生的道德行为，及待人接物方式等。混合式学习评价中的自我评价可以更为客观地评价学生在知识习得之外的态度、兴趣等方面的情况。

二、行为主义学习理论

行为主义是美国现代心理学的主要流派之一，诞生于 20 世纪 30 年代。总的来说，行为主义从根本上主张以行为为心理学的研究对象，在手段上极力倡导客观的研究方法，研究看得见摸得着的行为，这使得行为主义强化了心理学的特征。代表人物有桑代克、巴甫洛夫、斯金纳等。

行为主义学习理论认为：学习的基本单位是条件反射，刺激得到反应，学习就完成，即学习是刺激与反应间的联结。人类学习的起源是外界对人产生的刺激，使人产生反应，加强这种刺激，就会使人记忆深刻，因此，教育者只要控制行为和预测行为，也就能控制和侦测学习结果。学习就是通过强化建立刺激与反应之间的联结的链。教育者的目标在于传递客观世界的知识，学习者的目标是从这种传递过程中达到教育者所确定的目标，得到与教育者完全相同的理解。

从行为主义学习理论的角度来看，教师的职责就是在教学的整个过程中指导、监督、校正、鼓励学生合适的学习行为，强化学生正确的学习行为、削弱或淘汰不正确的学习行为。教师要注意对学生提出及时的反馈与强化，使学习者随时了解自己的学习效果。该理论强调知识和技能的掌握，重视外显行为的研究，较适合解释情绪、动作技能与行为习惯的学习。

三、教育传播理论

混合式学习是一个信息传播的过程。教育传播理论包括教育传播信息、符号、媒体、效果理论。其中教育传播媒体作为教育信息、符号的载体，它的选择对教育传播效果有着直接决定作用。

美国著名传播学家施兰姆，曾提出"媒体选择定律"用来解析影响人类选择接触或使用媒体的行为的依据。定律形象化描述为：$\lambda = \alpha / \beta$ 其中，α 为可能得到的报酬，β 为需要付出的代价，λ 为预期选择概率。这里"需要付出的代价"包括制作媒体所需要的费用（设备损耗、材料费用、人员开支等）以及所付出的努力程度（难易程度、花费时间等），统称为成本。可能得到的报酬是指能完成教学目标的程度，即学生通过媒体能获得多少新的知识，是否获得能力培养的效果等因素。

定律公式表示：需要付出的代价越小，得到的报酬越多，则媒体的预期选择的概率也就越高。

从媒体选择定律中可以得到如下启示：在实施混合式学习的过程中选择媒体时，应尽可能以最小的成本获得最大的效益。如今教学中可以选用的媒体方式很多，如网络课件、视频在线系统、虚拟实验室等，但传统的课本资料同样重要。

四、以活动为中心的教学设计

活动理论是一个交叉学科的理论，是研究在特定文化历史背景下人的行为活动的理论。活动理论的前身是苏联著名心理学家和教育理论家维果斯基的文化——历史心理学理论，后来在 20 世纪 40 年代被列昂节夫发展成为活动理论。在苏联最早被应用于残疾儿童的教育和设备控制面板的人性化设计。在 20 世纪 90 年代 Kari Kuutti 和 Bonnie Nardi 等人将活动理论引入美国和其他西方国家，并广泛流行。活动理论的哲学基础是马克思、恩格斯的辩证唯物主义哲学，它的基本思想是人类行为活动是人与形成社会和物理环境的事物，以及社会和物理环境所造就的事物之间的双向交互的过程。人的意识与行为是辩证的统一体，也就是说，人的心理发展与人的外部行为活动是辩证统一的。活动理论的内容主要包括：

（1）活动及活动系统

活动理论认为人类的任何行为活动都是指向对象的，并且人类的行为活动是通过工具作为媒介来完成的。

（2）活动的内化和外化

活动的内化和外化体现了行为活动发展与心理发展的辩证统一。活动理论区分内部行为活动（即心理操作）和外部行为活动。它强调如果将内部行为与外部行为隔离开来进行分析是不可能被理解的，因为内部行为和外部行为是相互转化的。

（3）活动是发展变化的

人类的行为活动不是固定不变的，行为活动的构成会随着环境的变化而变化。同时，人类的行为活动又影响着环境的变化。以学习活动为中心的教学设计方案不再像传统教案那样仅仅是教师教的过程的设计，学生的学习过程和活动的设计将成为"教案"中的重要组成部分。

以"学习活动"作为基本设计单位的优点是在设计理论上可以做到全面关注学生的个体差异和性格培养。

五、掌握学习理论

美国心理学家布鲁姆提出了掌握学习理论。该理论指出，在教学中要以"大多数学生能够掌握"的学习理念为指导，在集体教学的基础上，辅以及时有效的反馈。而混合式学习因其特殊的学习模式，能够与掌握学习理念相契合，即不仅能够使学生接受集体教学，也可以接受所需要的个别化帮助和额外辅导，使大多数学生达到规定的掌握知识的目标学习水平。

掌握学习的优势是，不仅有利于教师因材施教，进行分层次教学，还有利于提高学生的学习能力和学习有效性，从而促进学生的全面发展，这一优点恰好能够在混合式学习过程中得以体现。学习者能够根据混合式学习课程资源的自身特点及自身学习需要，基于理解的基础上，自主对混合式学习课程资源进行不同层次的整合。

六、深度学习理论

深度学习是以促进学生批判性思维和创新精神发展为目的的学习，它强调学习者积极主动的学习状态、举一反三的学习方法，以及学生高阶思维和复杂问题解决能力的提升。黎加厚教授和焦建利教授在描述深度学习时也指出，深度学习是学习者能够在理解学习的基础上，在原有的认知结构中融入新知识和新思想，并迁移到新的情境，对众多思想进行联系，做出决策和解决问题的学习。

混合式学习课程资源的提供是灵活多变的，这使得学习者在学习过程中能够根据自身的学习进度和学习兴趣，选择优质、有效的课程资源进行自主学习，从而逐渐养成积极主动的学习习惯，在学习中实现知识的整合和意义连接的学习的同时重构知识结构。而高校学习者已经具备了知识情境的迁移和批判性思维的能力。因此，若通过混合学习的方式推动深度学习，则能够对学生的高阶思维能力和复杂问题解决能力进行有效提升。由于混合式学习课程资源是在学习过程中由教师及时更新提供的，并且融合了相应知识的文化历史背景，这有助于个体在认知过程中基于浅层学习整合已有信息，通过深度思考，使显性知识内化为隐性知识，真正理解并学会应用在进行混合式学习课程资源的评价，能够促进学习者高阶思维能力和解决复杂问题能力为考量标准，对课程资源的优劣进行评价，并设定相应的评价指标。通过混合式学习课程资源的建设与利用，能够更好地进行混合式学习，使学生充分发挥和利用好混合式学习课程资源，掌握相应的知识技能，从而促进学习者掌握学习和实现深度学习，达到理想的学习目标和学习效果，也使学生学会终身学习。

第三节　计算机基础课程混合式学习的设计

教学设计是将教育理论与教育实践连接的桥梁，它应用系统科学现论的观点和方法，调查、分析教学中的问题和需求，确定目标，建立解决问题的步骤，选择相应的教学活动和教学资源，评价其结果，从而优化教学效果要保证混合式学习在计算机基础课程教学中有效开展，需对其进行方法、手段等方面的精心设计。混合式学习的教学设计应遵循以下原则：①运用系统方法；②以学习者为导向；③以教学理论作为科学决策的依据；④根据实际情况不断修改完善。

一、混合式学习在计算机基础课程中的应用模式

根据计算机基础课程的具体学科内容，分析研究整个学习系统的要素，提出以下混合式学习在计算机基础课程中的应用模式。

该学习系统中主要有教师、学生、学习内容和教学方式几个要素。而学习活动是各种教学方式具体所采用的活动形式。从这种模式中可以看出，与传统的以教师、学生和教材"三中心"教学模式相比，混合式学习模式变革了传统的教学结构，把教师、学生、教学内容和教学方式有机融合，丰富了学习过程。

（1）教师与学生要素

混合式学习模式中教师要对学生及其学习过程的教学内容及媒体进行总体的指导和设计，教师要根据学生的特点为其设计特定的教学内容、媒体和交流方式，教师是教学过程的组织者、学生意义建构的促进者、学生良好情操的培育者。

在面对面的教学方式中教师在面对学生时，对学习内容进行讲解及对重难点进行深入分析，充分发挥教师的人格魅力、语言魅力和情感及时交流等其他方式所不具备的优势，把面对面教学精心设计成为与学习认知心理活动规律相适应的教学活动，是教师主导作用的集中体现。

网络学习方式中，教师从传统的知识传授者变成学生学习的指导者、课程的开发者、学习的协作者，以及学生的学习顾问等角色。这就对教师自身的素质提出了更高的要求，教师在具备传统教学中所需要的丰富的学科知识和一般教育学知识之外，应用计算机的能力、系统化教学设计的能力、教学实施的能力、社会合作可交际能力、教学研究的能力和终身学习的能力也是相当重要的。

在实践方式中，教师是学生实践活动的观察者、指导者、记录者。教师要求学生在实践活动中居于主体地位，对学生活动中存在的问题适时提出建议。

混合式学习中学生是学习的主体，是信息加工与情感体验的主体混合式学习中网络学习与实践方式的介入，给予了学生更多的活动空间和时间，增加了学习过程的互动，有利于学生发挥更大的积极性、主动性。

（2）学习内容要素

计算机基础课程混合式学习中的内容要具有时代性和前沿性。学生不但要学习计算机的基础知识和基础操作，而且要提高信息技术的综合应用能力，提供的学习材料、讨论交流的主题不能过于陈旧、脱离实际，必须源于当代生活。学生获取信息、加工信息、交流信息的能力也是学习的内容，网络学习是学习这类内容的最好方式。

（3）教学方式要素

计算机基础课程混合式学习中采取：三种教学方式，而每种教学方式又是由多种学

习活动组成根据具体的学习内容、学习者和教师情况合理地混合各种教学方式，融合多种学习活动是混合式学习的关键。

二、计算机基础课程中混合式学习的设计步骤

Josh Bersin 认为混合学习的过程主要包含四个环节：识别与定义学习需求；根据学习者的特征制订学习计划和测量策略；根据实施混合学习的设施（环境）确定开发或选择学习内容以及执行计划；跟踪学习过程并时结果进行测量。

传统的教学系统设计也是我们在分析混合式学习设计步骤时值得参考的内容。结合传统的教学系统设计环节，将混合式学习的教学设计步骤分为四个环节。

（1）前期分析

分析是教学设计的准备阶段。只有对教学的目标、内容清楚明确，对教学目标人群即学习者初始情况有一定了解后，才能设计出有针对性、满足需求的学习活动。

（2）学习过程设计

这个阶段主要是对教学媒体的选择确定和对活动的设计，是教学设计的关键阶段。

（3）学习支持设计

混合式学习中学习支持是必不可少的，它是学习者顺利进行混合式学习的保证。学习支持不仅仅指计算机、网络等硬件条件的支持，学习方法和情感上的支持也是极为重要的。

（4）学习评价设计

一个完整的学习过程少不了学习评价，不同的评价方式对学生的学习积极性、态度等都有影响。因此，混合式学习中评价方式的选择与应用也是教育者教学设计时值得认真考虑的。

三、计算机基础课程中混合式学习设计的前期分析

1.学习需要分析

学习需要是指学习者期望达到的状态与现实状态之间的差距。这个差距揭示了学习者在相关能力素质方面的不足，是教学中实际存在和需要解决的问题。学习需要分析的目的是为制订教学目标提供确实、可靠的依据，使得计算机基础课程采用混合式学习能够满足社会、学校、学生等方面的要求。

确定学习需要的方法有内部参照需要分析法、外部参照需要分析法以及内外结合需要分析法三种。内部参照需要分析法主要以学习者所在的组织机构内部确定的教学目标（或工作目标），对学习者的期望与学习者学习（或工作）的现状相比较，找出两者之

间的差距，从而鉴别学习需要。外部参照需要分析法主要以社会的、职业的要求来确定对学习者的期望值，以此为标准对照学习者的现状，找出两者之间的差距，从而确定学习需要。内外结合需要分析法则兼顾内部、外部两种参照需要分析方法，根据实际情况采用适当的标准来确定学习需要。

计算机基础课程混合式学习的学习需要如下：

（1）学习者能够系统了解计算机的操作与使用方法，具备使用常用软件处理日常事务的能力。

（2）学习者要了解计算机的基础知识，充分认识信息技术对经济发展、科技进步及社会环境的深刻影响，积极提高自身信息素养。

（3）学习者能够熟练掌握计算机的基本技能，具有使用计算机获取信息、加工信息、传播信息和应用信息的能力。

（4）学习者熟悉信息化社会的网络环境，为自主学习、终身学习以及适应未来工作环境奠定良好的基础。

2.学习者分析

学生进行学习的过程，就是他们对知识进行建构的过程。不同的学生在生理和心理上存在着个体差异，学生对学习内容的理解、反应、领悟等的速度都是不同的，我们需要了解学生的一些初始情况，如已有的相关知识、对计算机操作的技能等，只有在教学设计时做好了学习者分析，才能在教学中真正做到因材施教。

学习者的有用信息主要包括：①入门技能；②对该领域已有的知识；③对教学内容和将采用的数学系统的态度；④学习动机；⑤学业能力水平；⑥学习偏好；⑦对提供教学机构的态度；⑧群体特征。

在计算机基础课程混合式学习的设计中对学习者的分析一般有这三个方面：

一是分析对学习者学习学科内容产生影响的生理、心理和社会特点，包括年龄、性别、学习动机、生活经验，个人对学习的期望等。例如，学习者学习计算机知识是想为以后的学习或工作打好基础，还是想将计算机知识应用到所学专业当中，还是以后从事IT行业，抑或是仅仅为了应付考试。

二是分析学习者对将要学习内容中已经具备的知识和技能。例如，学习者已经掌握了哪些上网的技能，搜索的技能，是否会使用邮箱等。

三是学习者的学习风格学习风格是学习者持续一贯的带有个性特征的学习方式，是学习策略和学习倾向的综合。其主要有信息加工风格，情感需求，社会性需求等。信息加工风格如喜欢自定步调的学习，用归纳法呈现教学内容学习效果最佳等；情感需求如需要经常受到鼓励和安慰；社会性需求如喜欢与同龄学生一起学习，喜欢向同龄同学学习等。

学习者分析可以通过设计发放问卷、到学习者中间和他们交流等途径进行。传统学校中计算机基础课程一般都是以班级为单位进行教学，所以分析时既要了解个体学生的情况，也要了解班级总体的情况。

第四节　计算机基础课程中混合式学习的过程设计

一、教学过程的组织

计算机基础课程中混合式学习的教学方式有面对面教学、网络学习和实践三种，如何有机地把三种方式整合起来是混合式学习的关键。

（一）用"任务"衔接三种教学方式

学习任务是学生参与学习的切入点，没有具体的学习任务，学生的自主学习就会流于形式教师要精心设计合适的任务，把面对面教学中的知识作为完成任务的基础，让任务成为网络学习的动力，把实践作为检验任务完成的环节。

任务设计时要遵循的原则有：①紧密结合课程的知识点，从学生学习、工作、生活实际出发，设计操作与应用并重的任务。②任务要具有引导性。例如，通过任务指明知识的重点和难点，通过安排任务之间的顺序强调知风之间的关系，通过任务提示知识实践应用的可能途径等。③任务设计要具有相对的开放性，即给学生参与任务设计的机会，教师在设计学习任务时主要依据的是自己对学生需要的分析、对课程知识内容的理解，以及已有的经验，难免受一些主观的、先入为主的判断所影响，所以教师要注意征集学生有关学习任务设计的建议与意见。④给学生提出任务时要明确说明任务的目的、要求、所需知识及时间安排等。

（二）网络学习是面对面教学的延续

延续，主要有这样两层含义：①如果说面对面教学有利于学生信息技术系统知识的掌握，有利于情感的培养，那么网络学习则是培养学生综合应用能力的最优选择。在网络学习中，学生通过自主选择学习内容，参与讨论，自我评测，在主动获取知识的同时，培养了发现问题、分析问题、解决问题的能力。②网络教学能够很好地弥补教学时间的不足、学生个性的差异等，学生在而对向教学的基础上根据自身情况通过课程网站、课件等资料有针对性地补习、复习、巩固知识，从而及时解决问题。

教师要根据面对面教学的情况及时在网络学习平台上给学生提供有针对性的课程资料、教学活动。课程资料除了课程内容之外，还要有辅助学生理解和掌握课程内容的扩展资料、学习指南等。

（三）实践环节的内容要紧密联系面对面教学和网络学习的知识

在实践活动前让学生明确实践的目的、过程、评价方式等。学生做好充分的准备实践才有效果。实践过程中要有教师在一旁指导，也可以请成绩好的学生担任辅导老师实践活动过后教师一定要组织学生教学实践的总结反思，撰写实践报告。

二、学习活动的设计及案例

学习活动是指学习者主体通过动作操作与一定范围的客观环境（包括人和物）进行交互作用的实践活动。学习者的所有学习活动可以分为内部活动和外部活动两类。内部活动主要是主体心理的"无形活动"，外部活动主要指实物件的操作及感性的、实践性的"有形活动任何一种学习活动都没有"纯"的内部活动和外部活动之分，它们不可分割地联系在一起。在学习活动中，学习者不但认识了客观环境，也在活动中改造了自身，促进了自身的发展。

计算机基础课程中混合式学习的活动主要有以下几种：

（一）课堂讲授

课堂讲授是教师根据不同的学科内容及教学对象，在充分了解学生的能力起点、理解水平的基础上进行的，是以言语讲解为主的教学活动，对班级人数较多，知识点需要系统讲解时，课堂讲授十分有效。例如，计算机中数制转换知识，学生已经习惯十进制的运算，对于二进制、八进制、十六进制则比较陌生，更不要说它们之间的转换问题了，这时教师进行系统的讲解，加上教师肢体语言及言情的传达，学生学习起来就容易多了。

讲座也可以说是一种特殊的课堂讲授，这种形式一般针对一个班级或者更大的集体，主讲人由课程之外的老师或者相关行业工作者担当，一般时间较短，内容主要是一些课本之外的相关知识或某课程的前沿知识等。这种讲授形式对激发学习者兴趣，启发学习者思考等方面有着重要的作用。

案例："网络基础知识"课堂讲授案例

一、教学目标

1. 了解计算机网络的概念；

2. 了解计算机网络的基本组成；

3. 了解计算机网络的主要功能、分类与拓扑结构。

二、行为目标

1. 培养学生独立分析、思考问题的能力；

2. 体验网络给人们的生活、学习带来的变化。

三、内容分析

本次课是计算机网络章节的第一次课，是本章节的基础知识。网络是绝大部分学生兴趣的焦点，但他们往往只关心网络游戏和 QQ 聊天。本节课的关键是使学生通过学习了解一定的网络基础知识，为以后的网络学习做铺垫，同时培养了学生一定的信息识别能力和信息处理能力。

重点：计算机网络概念、通信设备、传输介质、网络拓扑结构

难点：网络拓扑结构

四、教学过程

（一）问题导入

师：同学们平时上网都做些什么？

生：聊天；玩网络游戏；看政治、体育等新闻；查阅资料……

师：这些都是我们最常用到的网络功能，但其作为一种现代化的传播技术，网络可还有许多强大的功能，你们想做网络高手吗？

生：想！

师：想做网络高手，必须了解一些与网络相关的基础知识，如网络由哪些部分组成等。下面我们一起来探究网络世界吧！

（二）师生互动，学习新知识

1. 引入通信设备

师：大家知道我们教室里的计算机网络是由什么组成的呢？

生：有电脑、网线。

师：对，电脑和网线是最基本的，那么网线是怎么和电脑连起来的呢？

生：这个倒没注意过。（很多同学脸上露出迷惑的表情）

师：（拿出实物网卡）这个就是把网线和计算机相连接的网卡。网卡是一种通信设备，除此之外，还有其他一些通信设备。例如，我们知道信号在介质中传输时会衰减，为了减少衰减，我们需要能够在信号传输过程中加强信号的通信设备，如中继器。另外，为了能将信号发送到目的地，还需要能够完成路由选择功能的路由器等通信设备，

（教师配以实物、图片讲解通信设备）

2. 引入传输介质

师：我们再想想，要完成通信，除了用刚才所讲的通信设备外，还需要什么吗？

生：网线。

师：对。更准确地说，还需要传输介质，传输介质分有线传输介质和无线传输介质，

网线是有线传输介质的一种……

（教师讲解传输介质）

3. 引入网络拓扑结构

师：有了计算机、通信设备、传输介质之后，我们就可以连接网络了，但我们应该按照什么方法连接呢？就比如数学中几个点可以用线连接成多种不同图形，多台计算机之间也可以连接成多种结构。我们来了解网络的拓扑结构……

（教师讲解各类网络拓扑结构特点）

4. 引入通信协议

师：我们已经把计算机连接成网络了，但是仅仅这样是不能通信的。我们把计算机之间的通信看作不同国家之间的交流，必须有公约来让大家共同遵守，所以计算机网络通信中有网络通信协议。

（教师讲解通信协议）

（三）总结归纳计算机网络的概念

师：现在同学们根据自己的理解来归纳一下计算机网络的概念。大胆地说，不要怕说错。

生：把多台计算机用通信设备和传输介质按一定拓扑结构连接起来，并遵守一定的通信协议的系统。

师：同学们自己概括的已经和书上的比较接近了？说明大家都理解了计算机网络这个概念，现在我们看教材上的概念是怎么说的，和我们刚才总结的有什么不同。

（教师用这种比较的方法来提点学生对概念理解不到位的地方，并可以加深学生的印象）

（四）加强体验（课后）

让学生在微博或者班级群上写出自己的学习体验，可以是学习知识的心得，可以是使用网络的体验。让学生感受网络给我们带来的变化。课堂讲授实施要点：

第一，精选讲授内容。混合式学习比起传统方式讲课的时间少了，所以教师就要更加注或讲课内容的选择，这时应注意几点：讲授内容必须有明确的目的性；讲授内容必须重点突出，抓住关键；讲授内容要注重原理性、思想性和科学性。

第二，引起学生兴趣，吸引学生注意力。课堂讲授的缺点就是课堂气氛容易沉闷，教师一堂言，学生听得没有兴趣。要引起学生的注意可以采用的方式有：①创设情景，用提问、游戏等方式引入讲课内容。②用生活中具体的例子讲解抽象难懂的概念。

第三，课堂讲授不应该是教师一个人讲，也应该注重学生的课堂参与。教师可以通过提问的方式引发学生对知识的思考，而不是简单的"讲"。

例 1：讲授二进制

教师引入：我们生活中有这样的概念：1 分钟等于 60 秒、1 个星期有 7 天。这样的例子里面是采用了多少进制？我们最常用的是多少进制？我们知道计算机是以二进制的方式来工作的，计算机为什么不用人们习惯的十进制而用二进制呢？

例 2：讲授 IP 地址

师：我们把班级比作一个网络环境，同学们就是计算机。同学们之间进行交流要知道对方的名字，或者座位号、学号等。座位号、学号就可以理解为现实生活中的 IP 地址。

（类比举例让较难理解的概念变得简单易懂）

（二）自主学习

自主学习一般可以通过阅读和资料收集等方式进行。对于知识的学习，阅读是必不可少的一种学习活动，可以是网上阅读，也可以是纸面阅读。网上阅读的内容可以是文本材料，也可以是视频材料。

网上阅读和纸面阅读各有优缺点。在计算机屏幕阅读很容易导致阅读疲劳，同时不容易集中注意力，但网络上有更丰富的阅读内容，更易搜索所需内容。纸面阅读可靠性、真实感更强，不易疲倦。所以阅读时需要采用一定的策略，教材上有的知识，让学生阅读教材，拓展类知识让学生进行网上阅读。阅读过程中需采取一定的监控策略，教师可以问学生一些问题或者让学生自己提问，从而达到自我监控的目的。例如，我已经了解了这篇文章的一些内容吗？在阅读之前，我需要问自己一些相关问题吗？在阅读之前，我需要预测它的内容吗？知道为什么要阅读这篇文章吗？知道要多快阅读这篇文章吗？为了理解，需要再读一次吗？我明确哪些信息重要，哪些不重要吗？

资料收集是一种基于任务的活动方式，是学生自主学习的主要方式之一。学生可以通过报纸、期刊、电视、录像、电话，网络等途径收集资料。当今应用网络搜集资料变得越来越广泛。在搜集资料时，教师要根据学习内容的要求、学生的兴趣和水平进行组织与指导，确定搜集的目标和范围，将得到的资料按要求或以学生熟悉的方式进行整理、利用。

例如，在学习计算机硬件那个章节时，让学生配置一台电脑，收集各部件的牌子、型号、价格、特性及优势等资料，既可以让学生对相关知识的了解更加深入，又可以很好地激发学生的学习兴趣，

三、教学媒体的选择

媒体是教学传播的中介，媒体在沟通教与学两个方面时，其性能对教学效率和效果有一定影响。媒体选择应遵循以下原则：

（1）媒体的选择能准确地呈现信息

由于知识类型的不同，适用的教学媒体也有区别。如讲授"计算机硬件"中的主板构成时，用实物或图片比用文字板书更加具体清楚。

（2）选择的媒体须符合学生实际接受水平

选用的媒体要符合学习者的经验与知识水平，容易被接受和理解。由于计算机的普及，许多学生在学习计算机课程时，已具备一定的计算机使用技能，所以可以使用网络媒体。但网络平台功能如果过分强大复杂，学生则会感到学习困难，这样反而会抑制学生的学习兴趣。

（3）选用性价比高的媒体

选用的媒体可以是现成的、容易获得的、付出成本小但效果好的。教学中所选用的媒体，受具体条件、经济能力，师生技能等因素的影响。

计算机基础课程混合式学习中可以采取多种学习方法和学习活动，每种学习活动适用于不同的知识与能力的培养，不同的学习活动需要不同的教学媒体来支撑。在具体学习过程中，每一种活动并不是独立进行的，而是根据内容、学习者、目标的需要和条件有限制地进行混合的。

四、计算机基础课程中混合式学习的支持设计

学习支持的概念来源于远程教育领域，在远程教育中学习者与教师处于时空分离的状态，在学习中可能遇到与课程内容相关的困难，也可能遇到单纯的学习方法上的困难，还可能遇到情绪与情感上的困难。所以，学习支持是远程教育必不可少的环节之一。

在混合式学习中，由于引入了 e-learning 的成分，因而学习支持也很有必要—在混合式学习的实施过程中，无论是课堂讲授还是课后辅导，无论是在线学习还是离线学习，无论是集体教学还是小组学习和自学，学生都越来越需要来自教师、学校乃至于社会方面的支持。学生面对混合式学习这样一种全新的教学形式，在课程开始之初的新奇感消失之后难免会感到茫然，所以为他们提供必要的学习支持，特别是学习方法方面的支持。学习支持主要包括技术支持、学习方法支持、情感支持三个方面。

（1）技术支持

技术支持主要是指与设备和设施相关的服务，包括图书馆设施、视听设施、计算机网络设施等。计算机基础课程的教学中涉及很多操作技能，如 E-mail 的使用等需要用到计算机网络设施，这里与设备和设施相关的技术支持服务在一定程度上可以为学习活动的顺利开展提供保障。

（2）学习方法支持

在混合式学习中，学习者需要适应新的学习方式，修正学习习惯，而这样的调整与适应并非单纯依靠学习者自身就可以完成。在具体的教学实践中，教师要不断地提升学习者的学习方法，帮助他们转变观念，调整心态，加深对混合式学习的认知，培养学习者的学习能力。

我们可以这样做：①在开课之初即课程导入环节，帮助学习者建立新的学习方式的理念，为他们学习方法的转变奠定思想基础。②在课程学习中用到某种方法时专门开辟时间讲解必需技能，如专门给学生讲解搜索技能、发布技能等等。③在网络课程的论坛中专门开辟学习方法与策略的讨论板块，教师和学生积极参与，生生间相互学习，教师及时指导提点。

（3）情感支持

情感支持主要指学习者与教师及学习者之间的情感交流。在学生的学习过程中，对学习者进行情感方面的支持，目的在于帮助学习者解决各种心理和情感方面的问题，缓解精神压力、消除孤独感、增加自信心。这种情感交流能够在学习过程中对学习者起到非智力因素的支持，而非智力因素在学习过程中的支持作用，恰恰是我们在过去的传统教学中容易忽视的地方。师生间、生生间可以当面或者通过 QQ、E-mail 等工具交流学习期间的心理和情感问题，小组活动是混合式学习中一种加强人际交流的有效方式。组织小组活动可以减少学习者的孤独感，增强学习者的认同感，增加学习者的学习动力，而且可以帮助解决学习者在学习过程中遇到的困难和问题，使学习者充分交流和分享学习经验，从而提升学习效果。

五、学习评价设计

教学评价是指依据一定的标准，通过各种策略和相关资料的收集，对教学活动及其效果进行客观衡量和科学判定的系统过程。计算机基础课程中混合式学习的评价是对混合式学习过程及其影响的分析和评定。评价中教育者更应关注学生学习和成长的过程，寻找适合学生发展的学习方式，满足学生知识和能力发展的需要评价对混合式学习的积极作用是很明显的，但如果评价方法的选用或评价结果的表述不当，都可能对学生的混合式学习产生消极影响。

1. 评价方式

计算机基础课程中混合式学习的评价方式主要有三种：自我评价、相互评价和教师评价。

（1）自我评价

混合式学习中的自我评价主要是指学生自己评价自己。学生通过经常性的自评，不断校准自己的学习行为与学习目标之间的差距，从而更快、更好地实现目标。学生自评还能充分调动他们的积极性，提高他们参与评价的热情，增强他们的主体意识。

自我评价的过程是一个连续的循环往复的过程，它由自我观察、自我检查、自我评定和自我强化组成。每次评价的结果并不意味着评价过程的结束，而是在此基础上重新调整认识和行为，再次进入自我观察、自我检查、自我评定和自我强化，每次循环都意味着学习认识和知识水平上升到了一个新的层次。混合式学习中的自我评价可以在课堂上由教师组织进行，也可以在课后让学生在网络上进行。

（2）相互评价

相互评价主要指协作者之间的互相评价。一个学生在与协作者共同完成一项学习任务时，协作者比较了解他的学习态度、学习过程及学习任务的完成情况，协作者间的相互评价，可以发挥协作者间的相互监督功能，同时也可调动学生的学习积极性，提高他们参与协作的主动性，加强学生协作沟通的能力，使他们能更好地完成协作学习任务。

（3）教师评价

教师评价是以教学大纲为指导，对学生学习过程、学习目标的完成情况进行的评价，以总结性评价为主，形成性评价为辅，对学生学习过程的评价可以采取观察法和学习档案法等，对于学生学习结果的评价可以采取试卷法、作品法和实地考察法等。教师评价应以教学大纲为基础，使大多数学生的最后学习结果基本达到教学大纲的要求；同时又要有超越教学大纲的部分，能针对部分学习能力强、学习内容已经超越教学大纲的学生进行适当的评价。

2.评价形式

（1）在线测试

在线测试是计算机网络发展的产物。学习者在计算机上进行答题，计算机可以自行对答案进行判断，学习者也可以查看正确答案、这种评价方式突破了时空的限制，学习者可以根据自己学习的进度情况自行测试，资源得到充分共享，使用效率也得到充分提高。这种评价方式主要用于学习者自评，了解自己知识的掌握情况。

（2）提问

教学过程中一些即时的提问可以了解学习者对一些知识的掌握情况，这种评价方式快速简便，有利于教师及时的获得反馈信息，为下一步教学安排提供重要信息。但提问由于时间等条件的限制，只能对小部分学习者进行评价，不够全面。

（3）书面测验

这种传统的考试评价方式在混合式学习中还是需要的。通过考试，可以在一定程度上检验学习者对课程知识的掌握程度。但要注意混合式学习的评价指标中考试成绩只是其中一个部分，学生能力培养也是评价指标中重要组成部分。

（4）观察法

在混合式学习过程中，评价者可仔细观察学生的行为表现进行评价，包括课堂发言，交流参与程度，群里交流的次数及质量等。观察法评价具有一定的局限性，评价者不可能观察到学习者学习的全过程，只能是其中的一部分，这样可能会导致评价的片面性。故评价者要注意并尽量避免这样的情况。

（5）问卷调查

问卷被广泛地应用在调查中，评价者可以利用现成的或者自制的问卷来了解被调查者对相关问题的态度、满意度等。问卷题目形式也有很多种，如单选、多选或主观题，评价者可以通过问卷了解学习者对计算机基础课程采用混合式学习方式的满意度，哪些方式比较好，哪些方式不喜欢，有什么改进意见，等等。

（6）访谈法

访谈是通过与学习者口头交谈获得资料，并进行评价的方法。访谈可以获得较为真实的资料，也可以对一些问题作更深入的了解，但访谈法使用时要注意轻松氛围的营造，这样有利于被访谈者真实地回答问题。

（7）活动记录

混合式学习中的活动记录是指通过学习者在群内发布信息的数量、质量，交流频率等记录进行评价的方式。在线的学习与交流是混合式学习中重要的学习方式之一，这种评价方式侧重对学习过程的评价。

（8）学习档案

学习档案主要是指小学生在学习过程中所做的努力、取得的进步及反思学习成果的一种集合体。计算机基础课程的混合式学习档案主要是学生在计算机基础课程学习中的反思记录、总结报告、案例分析报告、小论文等作品的集合，学习档案能够使学习者看到自己发展的轨迹，以更好地确定学习任务，反思学习效果，促进学习效能的提高。

3. 评价特点

（1）评价主体多元化

计算机基础课程中混合式学习的评价主体是多元的。评价者可以是一个教师，也可以是一群教师组成的小组；可以是学生个人，也可以是学生小组，等等。混合式学习中的自主学习活动、协作学习活动，学生比教师更能真正地评价它的内容，评价它的实施过程是否满足了他们的需要。

（2）评价内容多面化

计算机基础课程混合式学习评价是注重全面性的评价，评价项目涉及认知领域，情感领域和技能领域，评价内容应从学生的认知、情感、能力、态度、行为等多方面，多视角进行综合评价。具体可以包括如下几个方面：学生参与混合式学习的态度；学生在混合式学习中的合作精神和合作能力；学生在混合式学习过程中获得的体验情况；学生创新精神和实践能力的发展情况；学生时学习方法和技能的掌握情况；学生的学习成果；等等。

（3）评价形式多样化

成功的混合式学习评价必须运用形成性评价与总结性评价，定量评价与定性评价，自我评价与他人评价，口头评价与片面评价等多种形式。具体的评价方法也有很多，如评语、座谈、讨论、答辩等，实际应用时评价者还要根据具体的评价目标和评价情境而定。

（4）评价融入教学过程

传统评价通常在教学过程之后，与教学活动相分离，混合式学习的评价强调教学后的评价，也注重教学过程中的评价。

第五节　计算机基础课程混合式学习的实践

一切理论研究终究是为实践服务的。前面从理论上对计算机基础课程中运用混合式学习进行了探讨设计，但仅有理论的设计是不够的，我们将以上混合式学习的思想在高职计算机基础课程中进行了实践研究，探索混合式学习在计算机基础课程中的使用策略及其有效性。

一、教学实践对象

大学计算机基础课是一年级开设的公共基础课。学校有校园网，学生上课都可以在多媒体网络教室。

教学实践选择了某学院 1709 汽修 1 班和 1709 汽修 2 班两个基本情况相似的班级，随机确定 1 班 32 人为实验班，2 班 30 人为对照班。两个班级都由同一个教师任教，学习同一门课程，相同的教学任务，不同的是实验班采用混合式的学习方法，对照班采用传统的讲授法加上机操作。

实验班的过程是这样的：具体的实践分成三个阶段。第一阶段是前期的准备阶段，主要包括分析学习者，分析教学内容。第二阶段是方案的设计阶段。根据混合式学习的思想，结合本学期的教学内容制定具体的教学实施方案。第三阶段是实施阶段，方案的实施效果如何只能在运用中得到检验，同时，在具体的教学情景中方案也不是一成不变的，而是根据实际情况进行调整，但基本思想不变第四阶段是评价总结阶段，对方案的评价可以从课堂学生情况、学生满意度等方面进行评价。

二、课程前期分析

1. 课程培养目标

课程目标是指特定阶段的学校课程所要达到的预期结果，它对学生身心的全面、主动发展起着导向、调控的作用。教育部《基础教育课程改革纲要（试行）》在课程目标的具体表述里提出"改变课程过于注重知识传授的倾向，强调形成积极主动的学习态度"，使获得基础知识与基本技能的过程同时成为学会学习和形成正确价值观的过程。这里从"知识与技能""过程与方法""情感态度与价值观"三方面提出了目标要求，构成新课程的"三维目标"。新课程的"三维目标"指向学生全面发展，注重学生在品德、才智、审美等方面的成长。

（1）知识与技能目标

一是认知类目标。掌握计算机的基本原理和相关知识，包括信息、信息技术、信息社会的概念及发展，信息的采集、表示、转换和传递；计算机系统的组成，微机的硬件组成和主要技术指标，集成电路的发展及其微机的工作原理；计算机软件发展分类，系统软件、应用软件的概念功能；数字文本、数字声音、数字图像和图形以及数字视频等多媒体技术的相关概念、原理和功能；网络的定义、分类、体系结构、传输介质、网络传输协议、数据通信及网络安全等概念。

二是动作技能类目标。掌握计算机的基本应用技能，包括 Windows 的使用技术；office，Excel，PowerPoint 软件的使用技能；IE 浏览器及其邮件收发技能；网页网站的设计制作技能。另外，还应掌握信息的获取、存储、加工、处理、传递表达等技能，掌握与人交流、沟通协作的技能等。

（2）过程与方法目标

掌握自主学习、协作学习、问题解决等学习活动的过程与方法；理解自主学习、协作学习等学习方式给我们的学习生活带来的影响和变化。

（3）情感态度与价值观目标

培养学习计算机知识的兴趣，培养在工作、学习、生活中自觉地应用信息技术的意识；能辩证地认识计算机技术对社会发展、科技进步和日常生活学习的影响；培养正确的现代学习观念、科学精神和科学态度、社会责任感和使命感、与人合作的团队精神及创造精神。

2. 学习内容分析

大学计算机基础课是门理论与实践并重的课程，根据课程本身的特点，课程内容大体可以分为两个部分：

一是计算机基础知识。主要包括计算机信息技术概述、计算机硬件基础、计算机软件基础、多媒体技术、计算机网络等模块。

二是计算机基本操作主要包括 Window 操作系统、电子邮件及 IE 浏览器的使用、Word、Excel、PowerPoint 等模块。

3. 学习者分析

开课初，我们对实验班学生的基本信息、学习基础、学习需求、学习者特性等进行了问卷调查，采用自编问卷《关于计算机基础课程的学生情况调查问卷》和《学生特性问卷调查表》。

调查问卷的信度：信度就是测量可靠性的度量，它能鉴定测量结果的一致性和稳定件。调查后对学生特性问卷进行了信度分析，采用分半信度和克龙巴赫系数测量问卷信度，经 SPSS 分析，三个维度的 Alpha 系数均在 0.7 以上，一般认为自编问卷信度达到 0.60 以上就是信度比较高了。

因此，此问卷基本能反映学生情况。问卷的效度：效度即有效性，是指测量工具或手段能够准确测出所需测量的事物的程度，即一个测验或量表实际能测量出其所要测的心理特质的程度。为了提高问卷的效度，笔者采取了一些措施，将问卷交有关专家审阅（其中一位是计算机课程教学经验丰富的副教授，另一位是心理学专家，还有一位课程与教学论专业的研究生），根据专家提出的意见进行修改，直至专家一致认可，形成终稿；记录问卷中的反意题项，并在数据输入时，将这些题项作逆向处理后再计算总分。通过这些措施，保证了问卷具有较好的效度。

通过问卷调查及其对数据的分析，我们得出实验班学生的总体情况：学生在中学时学过一些信息技术知识，基础操作技能基本也都具备，但都不系统，而在因特网的使用程度参差不齐。如本课程学习过程中必备技能电子邮件的收发大多数同学都用过，但用得不多，这就需要在课程之初对学生进行一定的培训。学生时学习信息技术的目标大都意识到是将来工作必备的工具，当然也有一部分同学还仅仅是为学校课程设置要求而学习。学生对课程内容的需求度还比较高，对各种教学方式也比较期待，这也为后期课程顺利地进行混合式学习提供了一定的保障。学生的学习习惯、合作习惯和认知策略水平都一般，需要进一步的指导。

三、教学组织与实施

1. 课程导入

进行混合式学习，课程的导入十分重要，我们将课前准备及第一堂课称为课程导入。传统的课堂老师都会在第一次课上进行自我介绍以及对该课程的教学目标和内容、评价方式等作简要介绍，但混合式学习的导入课对学生和老师要求更高。计算机基础课程混合式学习的课程导入大致如下：

（1）教师进行自我介绍，并且告知学生自己的联系方式，E-mail 地址等，让学生知道教师很愿意与他们多交流，有学习上甚至生活上的问题都可以和教师交流。

（2）介绍计算机基础课程的目标和大概内容，课程考查方式，并以生活中的应用实例让学生感受这门课程对他们的重要性，增强他们学习的动力。当然学习内容中重难点的提示也是必需的，并要求学生做好记录，让他们一开始就在心理上有所准备并对此保持高度的重视。

（3）告知学生课程的学习方式，如教学中用到自主学习，要让学生明白培养自主学习能力相当重要，现代社会单纯依靠在学校里学到的知识是远远不够的，更重要的是在将来的工作生活中不断地自主学习所需要的新知识。把将要用到的学习方式跟学生解释，让他们清楚各种学习方式的好处及其注意点，这样就可以从心理上克服学生对一些学习方式的陌生和惧怕感。

（4）告知学生预备技能培训计划，这是有别于传统课堂教学的重要环节。本课程中的预备技能主要包括电子邮件、微博等的使用技能，指导学生注册并尝试使用。

（5）告知学生课程教学过程中将以小组的形式进行讨论交流。讨论的内容是对该课程的看法，为课程后面要进行的协作学习打下基础。小组交流时，会让各组派代表发言，这其实就是学生和学生、学生和教师之间交流的过程。

课程导入阶段一般根据具体情况安排 1~2 课时

2. 学习支持

（1）学习支持环境

学习支持环境是课程网络教学平台。在正式课程开始之前的导入课上，教师就教学平台的使用技能如何注册、如何下载资源等问题进行示范和讲解。平台主要有公告栏、课程学习、拓展知识、下载区和论坛五个模块。

（2）学习支持内容

第一，公告栏用于及时地发布课程相关信息，提醒学生注意。

第二，课程学习模块主要提供计算机基础课程的电子幻灯片、教学视频和在线习题。可支持学习者课前预习、自主学习及学习后的自我测试评价。

第三，拓展知识模块主要用于支持学习者学习与课程相关但在教材之外的知识。教师可以根据学生需要及时添加拓展知识，学生在课堂内外都可以进行学习，十分方便。

第四，下载区提供了丰富的可供学习者下载的内容，有案例下载、学生作品下载、实验指导下载、常用软件下载和教学资源下载等。学生学习 Word、Excel 时往往缺少学习案例，而教师在课堂短暂的展示不能让学生充分把握案例的精髓，把案例放在网络平台上让学生根据自己需要随时下载学习，有利于学生自主学习。学生作品下载是把本班优秀的学生作品在平台上展示，这既是对优秀学生的鼓励，又是对其他学生的鞭策。

第五，论坛模块里分四个讨论区，分别是优秀网站推荐区、基础知识讨论区、基本技能讨论区和自由讨论区。优秀网站推荐区是平时学习过程中发现的好的网址；基础知识和基本技能讨论区讨论的是在学习计算机基础课程过程中的热点问题；自由讨论区是师生之间、生生之间交流情感的地方。

第六，利用 QQ、电子邮件、电话等通信方式进行辅导和交流。

第六节　混合式学习在计算机基础课程中的评价

一、课程评价特征

计算机基础课程中混合式学习的教学评价要充分尊重学生的主体作用，做到评价内容的全面化、评价主体的多元化和评价方式的多样化。此次课程的评价主要包括如下几个方面：

1. 对学生的评价

混合式学习强调以学习者为中心，关注学习者的学习方法和学习能力的培养，这就要求混合式学习的评价不仅要关注知识、技能的获得，同时要注意学习者情感、态度等方面的变化，所以本课程加大了平时成绩的比例，将平时作业、临时测验和实验课完成等情况纳入平时成绩的计算。将学生参与课堂、网络论坛的讨论交流情况也记入总成绩。故课程评价包括这样三个部分：平时成绩 40%，期末考试 50%，平时参与网络、课堂的讨论交流情况 10%。本课程的评价同时也重视学生参与评价，例如平时作业不单是老师打个成绩，而是学习者的自评、小组的互评和老师的评价综合起来的一个成绩。这样可以使得评价更加公平合理，学习者学习的积极性更高。

（1）混合式学习评价中的情感目标

布卢姆于 1964 年与克拉斯沃尔、梅夏出版了《教育目标分类学（第二分册：情感领域）》一书。其中将情感目标分为五个层次，它们从低到高分别是：接受或注意、反应、评价、价值组织、品格形成。

借鉴布卢姆的情感目标分类理论，同时根据学生年龄特征、心理特征和信息技术学科的特点，把计算机基础课程混合式学习的情感目标分为接受、反应、偏爱和追求四个层次，各个层次的含义和情感特征如表 5-1 所示。

表5-1　计算机基础课程混合式学习情感目标分类特征表

层次	定义	情感特征
接受	学生对学习内容中特定的刺激和情景表现出愿意接纳，而不拒绝或回避的态度	学生能按教师的要求去听、看、想、做等，但不专心，随意性较明显
反应	学生对计算机知识产生好感，能够积极主动注意、接受某种现象或刺激，并参与有关的一些活动	学生学习力觉，主动参与教学活动，主动发问，动手操作时，感到喜悦、满意
偏爱	学生对计算机知识产生特殊兴趣，在行动上有一种专注和偏爱的态度，而且这种态度比较稳定	不满足于按教师的要求去做，而且热衷于讨论和探究
追求	把计算机知识的社会和科学价值当作自己的信念和追求，并努力实现自己追求的目标	钻研信息技术问题时，有锲而不舍、坚韧不拔的意志和勇于创新的精神

情感目标分类的四个水平层次中，接受是最低层次，反应和偏爱是较高级的情感目标层次，追求是高级的情感目标层次。这四个层次是连续的，由接受开始，再经反应、偏爱，通过价值内化过程，最后达到追求层次。情感目标的具体的评价指标如表 5-2 所示。

表5-2　计算机基础课程混合式学习情感目标评价指标体系

一级指标	二级指标	评价要素
学习兴趣	喜欢学习计算机相关知识	愿意学习计算机基础课程的相关知识和技能
		热衷学习计算机基础课程的相关知识和技能
	形成学习计算机的良好习惯	会自觉地学习信息技术的相关知识和技能
		不知疲惫、不厌烦地学习计算机的相关知识和技能
学习态度	认在学习	对自己学习计算机基础课程的过程和结果负责
	努力学习	努力、刻苦地学习计算机基础课程的相关知识和技能
学习意志	克服主观干扰	会积极主动地克服生理和心理相关因素的干扰
	克服客观干扰	会积极主动地克服自然环境和人为环境相关因素的干扰
学业价值观	学业抱负	有学好计算机基础课程的理想信念并一直为之付出努力
	学业评价	树立崇高的计算机学科价值观并努力地去追求

情感目标的评价主要是在教学活动过程中进行，按以下步骤操作：

第一，准备。根据教学内容和学生实际，对评价哪些学生，评价哪个学生的什么内容做出大致安排，做到心中有数。

第二，搜集评价信息，做出评价。在教学活动过程中搜集情感目标的评价信息，主要用访谈法和观察法，即"通过和评价对象谈话、观察评价对象的行为表现搜集评价信息，将搜集到的信息进行分析，对评价对象做出评价"。

第三，反馈评价结果。和评价对象进行谈话的同时，也是对其情感目标表现做出判断的过程，同时也是反馈评价结果的过程。

（2）混合式学习评价中的新特点

混合式学习的评价方式中笔试具有一些新特点，题目注重联系实际，解决问题，"情感态度与价值观"的目标也在具体题目中得到体现。

3. 对课程资源的评价

课程资源决定着教学的厚度和深度。混合式学习课程资源作为混合式学习顺利开展的重要前提，需要有一套科学、可操作的评价指标体系作为建设良好的课程资源的有效参考，帮助教师和学生通过混合式学习更好地实现教学和学习目标。

对混合式学习课程资源进行评价，首先要从混合式学习和课程资源的两大概念入手，分析混合式学习和课程资源的内涵及特征，以混合式学习的教学过程及特征为线索，以课程资源的功能、内容、技术性、艺术性为主要逻辑思路，综合评价混合式学习课程资源，同时还要结合混合式学习的"线上＋线下学习的特征，进行"线上＋线下"资源的综合考量。

基于大量文献资料的分析，结合国内外关于资源建设、网络资源等内容的评价标准，以及对访谈结果的借鉴，得出在评价混合式学习课程资源时，应从混合式学习课程资源的教育功能、内容设计、技术性、艺术性等方面着手，逐一、详细地进行分析和评价，通过总结分析，我们初步整理得到研究所需的评价混合式学习课程资源的测试指标。

将初步整理所得的混合式学习课程资源的测试指标编制成问卷，检验初步选定的测试指标是否适用于对混合式学习课程资源进行评价。通过电子邮件发送给 Il 位教师专家，经数据分析，专家对初步拟定的 19 个测试指标的认可度较高，认为适合作为混合式学习课程资源的评价指标的百分比达到 90.91%。

表5-12　初拟定的评价混合式学习课程资源的评价指标

序号	评价指标	评价标准
1	目标性	课程资源的教学目标明确，能够有效达成教学目标，解决学习中的具体问题
2	支持性	课程资源能明确、具体地支持学习者进行知识建构，支持各个教学环的顺利进行
3	有效性	媒体形式与课程内容有效整合，确保资源承载的知识内容得到准确传递，促进学习者进行深度思考
4	激励性	通过课程资源的充分利用，能够提升学习者学习兴趣，激励学习者主动思考、积极探究
5	启发性	学习能够融入预设情境与实践相联系，从而获得启发，进行知识迁移和深度思考，主动构建更加完善的知识体系
6	科学性	资源内容正确、逻辑严谨、表述清晰，没有知识性错误和误导性描述
7	系统性	资源内容能够针对具体教学内容，在线上、线下的教与学过程中系统化实现，支持自主学习
8	丰富性	资源内容丰富，表现形式全面多样（包括学习任务单、微课、文献材料、试题库等），主题突出，趣味性强，能对教与学各环节进行有效辅助，促进教学目标的实现，支持自主学习
9	针对性	资源内容符合学习内容且具有针对性，能够对具体知识点进行有效支撑顺利解决教学过程中的重点和难点
10	时效性	课程资源更新及时，囊括学科最新的前沿发展、科研成果等内容
11	技术准确	技术运用准确，能利用技术支持内容呈现及学习者的深度学习
12	编排合理	资源编排符合高校学习者认知特征，语言表达规范合理

序号	评价指标	评价标准
13	结构灵活	课程资源的组织结构具有模块化、开放性和可扩充性的特点，相关知识之间有关联，学习者可根据需要在学习过程中灵活跳转
14	制作规范	资源内容符合学术规范，不触犯法律法规，不用于商业目的，维护和尊重创作者的知识产权
15	媒体兼容	视频、音频、图像、文档等资源格式标准，能够支持在不同平台和终端上流畅播放
16	有效传播	不同媒介形式对课程资源的展现清晰、有效，转换频率适中，使学习者能够有适当的思考时间
17	搭配合理	色彩、图文、字体、字号等搭配科学合理，简洁得当，具有欣赏性
18	排版协调	文本、图形等可视化元素排版协调，版面布局合理，给学习者以视觉上的舒适感，易于引起学习者兴趣
19	整体美观	界面设计美观大方，画面风格统一，整体感强

因"目标性、支持性、有效性、激励性、启发性"5项指标，综合考查的是运用相应课程资源后所能达到的教学效果和所实现的教育功能，因此提取共同特征后将其一级指标命名为"功能性"；"系统性、丰富性、科学性、针对性、时效性"5项指标考量的是课程资源内容本身服务于混合式学习时应达到的要求，提取共同特征后将其一级指标命名为"内容性"；"技术准确、编排合理、结构灵活、制作规范"4项指标描述的是课程资源建设过程中应达到的技术要求，因此将其一级指标命名为"技术性"；"媒体兼容、搭配得当、排版协调、整体美观"4项指标旨在考查各类课程资源在应用过程中为学习者带来的感官体验是否舒适，因此将其一级指标命名为"艺术性"。

综上所述，最终将4个一级指标分别命名为：功能性、内容性、技术性、艺术性，其共有18个评价混合式学习课程资源的二级指标。同时根据各指标的权重，对高校混合式学习课程资源评价指标体系中的每个评价指标赋值，研究最终确定的高校混合式学习课程资源评价指标。

一个学期的混合式学习的教学实验，提高了学生的学习成绩水平。这是因为混合式学习中多种学习活动比传统单纯的讲授丰富有趣，激发了学生的学习兴趣。电子邮件和QQ等手段使得学生和老师、学生和学生之间有了更多、更便捷的交流方式，问题可以得到更及时的解决，有了更多的解决思路，教师与同学的鼓励也增强了同学们的自信心，这些都是很有利的促进因素。

4.将混合式学习应用于计算机基础课程教学的建议

第一，在设计混合式学习案例时要注意的问题。混合式学习设计运用网络科学理论和网络工具，在设计教学过程中可能存在诸多问题和需求。为此建立教学目标，制订答疑步骤，规划适当的学习娱乐活动，并安排辅助教学资源，考评程序和评估方法也是极为必要的，必须经过以上种种步骤，才能达到优化教学的效果。混合式学习设计是网络教学理论与课堂教学实践之间的桥梁，经此学习模式联系起来，它能确保传统课程教学的有效发展，能够全心全意为教学方式革新，是一种创新型的教学手段。在设计混合性学习模式时必须依照下述标准：运用网络系统方法；让学生成为模式主体；网络科学理论是教学理论的基础；教学课堂设计，特定的应用程序要及时修改和更新。

第二，将混合式学习应用于计算机基础课程的建议。混合式学习研究尚处于国家发展阶段，其应用范围主要是企业培训和教育教学。为了验证混合式学习在计算机课堂中的有效性，将混合学习模式应用到教学领域，一方面可以更好地帮助学生掌握计算机技术，另一方面也能提高教学质品，实现教学目标，培养学生的职业能力。将混合学习应用于计算机基础课程学习中，有几个问题尚且需要重视：

问题一，专业的计算机教师需要不断提高自己的素质，更好地适应混合式教学对教师的需求。通过实验，我们发现在计算机基础课程教学中应用混合型教学方式，需要计算机专业教师具有一定的素质，这包括：对相关知识有深刻的理解，对相关知识与相对广泛的了解；有足够的计算机和网络知识，可以熟练使用网络资源，能够根据学生的差异进行教学，有能力满足学生对自己的学习进行规划的能力和对学习的创造性要求，并可以管理学生网络学习环境，重视平等，能与学生进行平等的交流与讨论，促进互相学习的能力。教师还应具有优秀的学习能力，能够自我调节，不断学习，重视自身的发展。

问题二，我们必须合理分配课堂讲授的时间和学生的自愿学习时间。作为一个传统的教育体系，大多数学生还是更能接受课堂讲授这种学习方式，它对学生掌握计算机专业课的系统知识有很好的促进作用。而自主学习及协作学习虽然对学生的自由性要求很高，但其在培养学生创新能力以及实践能力上有比较明显的优势，但这种方式占用较多学生的课余时间，不方便有教师进行控制。课堂讲授和自主学习都是混合式学习的重要部分，教学中不能倾向于任一方面，教师应当分配好两种教学方式的教学时间在课程的前期，应以课堂讲授为主，随着课程的进行，学生的自主学习能力达到一定程度时，可以适当转换讲课方式，由课堂讲授逐渐向自主学习过渡。

问题三，教师应掌握学生的需求，为学生提供更多指导。混合式学习强调学生的现实需求，教师应该对学习者进行分析，将学习者的需求作为整个课程设计的起点。教师了解了学生的需求后，建设面对面授课的讲解方法，秉持平等、信任的态度和一视同仁的情感价值，理解并从学生的实际需求出发设计课程内容，使得学生在学习交流过程中真正有所收获。在混合式学习模式的引入下，教师教学内容多种多样，主要包括学习上的交流、生活上的交流、情感上的交流、生命观和价值观上的交流等。多种多样的交流方式不仅有助于学生理解所学的知识，在面对自己学习的情况时，还能通过多种交流弥补现阶段的不足，进一步地掌握难懂的知识点。在改善自身学习情况的同时，也增进了师生之间的感情。学生提交的教学问题和意见，教师应给予及时的反馈，并对学生提出的问题予以解答，可安排优秀的学生作为班级的助理教师，辅助授课教师进行知识点的讲解.帮助老师完成计算机专业操作的教学。由此学生在学习过程中受到技能指导，不断提高自信心，有助于提高学习效果。

　　问题四，教师要为混合式教学创造良好的条件。混合式教学的模式是将传统的面对面教学与新式的网络教学结合在一起，取长补短，将两者的教学手段相结合，将教学的质量最优化。当然在将两种教学方式进行混合的过程中，创建一个操作简单、结构清晰、功能实用的学习平台是必要的，这个平台可以很好地适应混合式教学的展开，能发挥这种教学方式的最大效益。

第六章　基于SPOC模式的计算机基础课程教学研究

随着教育信息化的推进，教育资源的全球化、教学的个性化以及学习的自主化成为必然趋势。自2012年起，大规模网络课程在全球呈现燎原之势，但因其存在高成本、高注册率与低通过率等弊病，一种新型的小规模私有在线课程样式悄然出现——SPOC。SPOC将MOOC教学模式与传统大学课堂教学模式相结合，是在线教育在大学校园中的真正价值所在。

目前，关于高校SPOC模式的研究仍然存在诸多不足，如其理论研究滞后于实践教学，现有研究缺乏科学性、合理性和有效性的实践验证等。针对以上问题，本章从实践出发，提出并论证了整合MOOC教学模式与传统高校教学模式的SPOC教学模式在高校课程教学中是有效的且必要的这一论题，目的在于通过建立SPOC教学模式促进MOOC在高校中的有效应用，提高学生学习的参与程度、交互程度以及学习深度。

第一节　SPOC教学模式分析

SPOC教学模式是一种为应对MOOC模式的问题而产生的，以促进MOOC在实体校园的应用为导向的教学范式，是将MOOC应用于大学校园的一套较为稳定的教学活动结构框架和活动程序。

一、SPOC教学模式的特点与优势分析

融合了MOOC模式与传统教学模式的SPOC倡导的理念是私有、定制、高质量的导师制教学，它具有MOOC与校园课程教学模式所不具备的诸多特征要素，并且能够充分发挥MOOC与传统教学模式的双重优势。

（一）SPOC教学模式的特点

1. 小众化

相对于MOOC，SPOC面向的是小规模学生群体，人数一般为几十到几百人，而人数的小众化能够保证教学过程中教师完全介入到学生的学习过程中，如详细的作业批改、深入的交流互动、面对面的一对一辅导等。

2. 限制性

SPOC 的限制性特征不仅体现在对人数的限制，还体现在收费、学生基础水平等方面的限制。大部分 SPOC 面向的用户是在校学生，他们在线注册时需要付出一定的学费，同时专业性较强的 SPOC 课程，通常对专业设有限制条件，虽然从教育的社会荣誉感角度来看，SPOC 无法实现 MOOC 倡导的优质资源免费共享，但是在成本的可持续发展方面，SPOC 却得到了很好的保证。

3. 集约化

集约化是指以节俭、约束、高效为价值取向，集中人力、物力、财力等要素进行统一配置，SPOC 的集约化特征体现在它倡导以较低的课程开发维护成本，集中教师、学生、优质教学资源等要素，实现高质量的教学目的。SPOC 不需要像 MOOC 那样拥有包括视频制作人、摄制团队、技术支持、运营团队、项目经理、授课教师、助教、志愿者等高规格的团队制式，只需要使用现有的 MOOC 课程或者已有的精品课程进行二次加工即可，即便是教师自行录制微视频，也不需要在免费的情况下关照成千上万的学生群体，因此 SPOC 的低成本特征使其具有可持续性发展的潜质。相对而言，MOOC 却因其高成本、大规模群体的广泛关注等特点使一些大学"心有余而力不足"。

（二）SPOC 数学模式的优势分析

通过与 MOOC 模式、传统教学模式的对比，SPOC 教学模式能够体现出显著的优势。

1. SPOC 教学模式相对于 MOOC 教学模式的优势

第一，SPOC 模式具有更好的普适性。一些实践性、操作性较强的课程（如编程、中医等学科的相关课程）并不适合使用 MOOC 模式讲授。因此，相比之下，SPOC 更具普适性。

第二，SPOC 能够帮助大学提升本校的教学质量，体现了高成就的价值观。SPOC 跳出了复制课堂的阶段，采用了一些灵活有效的方式，通过将 MOOC 在线学习与课堂教学相融合，帮助大学实现了提高教学质量的目标，因此 SPOC 是在线教育在大学校园中的真正价值体现。

第三，相较于 MOOC，SPOC 模式的成本较低，提供了 MOOC 的一种可持续发展模式。对于一些非顶尖大学，高额的 MOOC 费用往往让它们难以为继。而 SPOC 却不需要像开发一门 MOOC 那样花费大量的资金。同时，SPOC 教学不仅提高了教育质量，还降低了教育成本。因为 SPOC 可以帮助学生用更短的时间毕业，从而降低受教育成本。相比于 MOOC，SPOC 更有可能赢得一些收益。

第四，SPOC 重新定义了教师的作用，提供个性化教学。MOOC 模式更适合通识类课程，教师的主要作用是提供资源，让全球的学习者受益。SPOC 允许教师回归校园，回归到自己的课堂中。上课前，教师是课程资源的整合者，根据学生的需求以及教学计划整合 MOOC 资源是他们的任务。课堂上，教师是指导者和促进者，引导学生解决问题、参与实践，提供个别化指导。可见，相较于 MOOC，SPOC 重新定义了教师的作用，激发了教师的教学热情和课堂活力。

第五，SPOC 模式倡导高参与度，有利于提高课程的完成率。MOOC 的缺点是高注册率低完成率。向 SPOC 模式通过限定课程的准入条件和学生规模，能够为学生定制适合他们的课程，并提供力度更大的教学支持，从而促进学生更高度的参与，更深度地学习，而完整的学习体验可以避免 MOOC 的高注册率低完成率的弊端。因此，相较于 MOOC，SPOC 模式促使在线学习超出了复制教室课程的阶段，使课堂学习成为高价值活动的学习场所。

2.SPOC 模式相对于以讲授法为主的传统教学模式的优势

传统教学模式是指教学主要发生在教室中，其中教学以"教师讲—学生听"为基本模式，评价方式以总结性评价为主。

第一，相对于传统教学模式，SPOC 的优势是充分发挥 MOOC 的优势，引入优质资源、快速测评反馈技术等优化教学。SPOC 模式使 MOOC 作为优质教学资源走进课堂，使在实体校园中的学生可以使用一流大学教师的授课资源完成一门以往很普通的课程。学生会因为接触到最先进的技术、最优质的教师而兴奋，这对于传统课堂来讲是难以实现的。同时，MOOC 作为一种数字教材，允许学生多次重复观看，快速及时地测验反馈激发了学生的学习兴趣，从而使知识点的学习更为牢固。MOOC 的自动评分功能能允许教师不再将时间用在一道道客观题目的评价反馈上，网络平台完全可以做到精确详细地答案解析，而教师可以将自己的时间用在更具价值的教学活动中去，如小组讨论或师生面对面的互动等。

第二，相对于传统教学模式，SPOC 的优势是发挥了混合学习的优势。SPOC 模式本质上是一种混合学习模式，其最大的优势在于通过 MOOC 资源的引入，大大降低了开展混合式学习的难度，却能够享受混合式学习带来的诸多好处，如便捷的平台使用及课程定制解放了教师在课堂中一遍遍重复讲授的工作，从而将节约的时间用来了解学生的学习状态，进行个别指导；显著地增大了课程容量，知识面涵盖范围更广泛，满足学生需求；通过提前释放学习内容以及学生互助来缩小学生之间的差异等。

第三，相较于传统教学模式，SPOC 模式使教学评价更为客观合理，SPOC 使用到了 MOOC 的很多有效的工具和方法，如测评反馈技术、学习分析技术，这些工具与方法的使用能够让教师更了解学生，同时将终结性评价转化为过程性评价，教师可以从学生的作业、作品、测验、参与度等方面考察学生的学习表现，并进行成绩评定，这样就避免了"考前两三天突击背诵就能获得好成绩"的不良现象。

二、SPOC 教学的可行性分析

（一）学校对采用 SPOC 教学模式的政策支持

第一，对于学校而言，SPOC 能够推动大学对外的品牌效应。通过开设 SPOC 课程，更多的社会人士以及学生知晓这所大学，这对大学无疑是一种有效的宣传。而对于精英大学而言，有学者指出精英大学之所以不断追逐 SPOC，是因为这种教学模式完美地迎合了精英大学的排他性，校本 MOOC 在校园课程中的应用在一定程度上减少了其他精英大学课程的入侵。

第二，SPOC 教学模式能够有效地促进大学校内的教学改革，提升校内教学质量，使教师的重心更多地投放在教学之中。

第三，学校能够得到政府的支持，如《教育部关于加强高等学校在线开放课程建设应用与管理的意见》明确指出鼓励高校结合本校人才培养目标和需求，通过在线学习、在线学习与课堂教学相结合等多种方式应用在线开放课程，不断创新校内、校际课程共享与应用模式。

第四，SPOC 教学模式是高校应对互联网教育时代的一种较低成本的教学模式。SPOC 能够有效解决大学师资问题，尤其是对于普通大学而言，聘请优秀教师来校讲座的成本要远远高于 SPOC 通过互联网从全国乃至全世界挑选名师。

第五，MOOC 对高校提出的巨大挑战将促使高等教育教学模式的变革。根据报道，一位来自印度的高中男孩因为在《电路与电子学课程》中的考试得分在前 3% 之列，被麻省理工学院录取，可见 MOOC 前所未有的开放性、透明性、优质教育资源的易获得性使那些普通的大学受到了极大的威胁。大学不得不重视"在线"与"技术"这两大挑战，而 SPOC 是它们应对这些挑战的一种有效方法。因此，对于学校而言，无论出于社会压力还是自身需求，它们都将支持 SPOC 课程的创建。

（二）教师采用 SPOC 教学模式的内外驱动力

无论是从教师个人内部的角度来讲——好奇、挑战等精神层面需求，还是从外部的物质层面需求来说——专业发展、职业竞争等追求，SPOC 教学模式都将是高校教师的不错选择。

第一，探索创新的精神以及自我实现的心理需求是高校教师开展 SPOC 教学的内部驱动力。对于高校教师这个群体而言，他们不但肩负着传授知识、教书育人的使命，而且具有探索性与创新性。他们对先进事物的敏锐洞察力、对未来的较高预见性，对新兴领域的好奇心与求知欲是其他职业人员所不能比拟的。因此，高校教师更喜欢接触新鲜事物，对新鲜事物保持极大的兴趣，这一特点使 SPOC 这一新兴的教学样式对高校教师具有很大的吸引力，同时，自我实现的心理需求与对良好声誉的追求促使高校教师不断提高自身的教学能力，来获得学生的高度肯定。因为对于教师而言，得到学生的认可是对其价值的最大的肯定。通过 SPOC 课程，教师能够让更多的学生了解自己，使教学质量不断提高，这对于成为学生眼中的"好教师"是非常重要的因素。

第二，学校政策的支持是教师开设 SPOC 课程的保障。通过开设 SPOC 课程，教师能够获得学校的课程项目建设权，随之而来的项目资金、科研加分以及职称评定等都将受到有利影响。比如，福州大学为鼓励高校教师开设 MOOC 与 SPOC 课程，给予每门课程 15 万元建设经费。对于获批的 SPOC 课程项目，学校还将在获批时给予 30 分绩效加分，项目结题验收后再给予 30 分绩效加分。浙江理工大学于 2017 年度开展基于 SPOC 的"翻转课堂"示范课程建设项目，一旦 SPOC 项目被立项，学校资助每个项目建设经费 4 万元。

因此，无论是从教师的精神需求层面来讲，还是从物质追求层面来说，SPOC 都将成为很多一线高校教师的选择。

（三）学生对采用 SPOC 教学模式的实际需求

无论是从学生的学习心理还是学习需求上来看，相对于 MOOC 学习，学生将会更加重视 SPOC 的学习。

第一，MOOC 学习者与 SPOC 学习者在动机上存在巨大差异。有着大规模无限制条件的 MOOC 学习者之间必然存在千差万别的学习动机，有的是为兴趣学习，有的是为了解 MOOC 这一形式，有的只是闲来消遣无聊的时间等。SPOC 的教学对象却没有非常显著的动机差异。由于 SPOC 面对的是小规模人群（很大程度上是在校学生），他们更多的是将 SPOC 作为获取学分的一种途径，作为学习知识技能的一种方法，作为拓展兴趣爱好的一个渠道。因此动机的不同，导致 SPOC 与 MOOC 有着不同的学习体验。

第二，MOOC 的免费开放与 SPOC 的私人收费引起学习者的学习态度的巨大差异按照消费心理学的理论，人们依靠传统的经验来判断事物价值大小、品质优劣的习惯。对于大部分消费者来说，他们倾向于用价格作为衡量课程的内在价值与品质的尺度和标准，他们奉行"好货不便宜，便宜没好货"，"一分钱一分货"的价格心里准则，而这一理论正解释了为什么绝大多数 MOOC 学习者不能坚持下来的现象。MOOC 的免费性导致学生从心底不会重视、珍惜这种课程，而 SPOC 正是抓住了学生的这一心理特征。SPOC 针对的主要是在校学生，他们在校学习期间需要支付相应的学费。对于收费的、私人的课程，他们会从心底认可课程的价值与品质，因而会更加珍惜。

第三，SPOC 的私密性特征能让通过申请的学生产生一种自豪感、责任感及占有稀缺资源的紧迫感，从而提高学生重视学习的程度和增强学习的动力，这也正体现了消费者的独特性追求。心理学家 Snyder 和 Fromkin 在 1977 年提出的独特理论认为当某个人感觉在所处的社会环境中与其他人有高度的相似性时，个体将自己视为与众不同的需要就会被激发因此，当大学生与不限地区、不限年龄、不限学历的成千上万人一起学习同一门课程时，他们追求独特的动机就会本能地体现出来。当在校生享受到其他人不能获得的资源时，他们会认为这是一种地位与权力的宣誓，通过这种尊贵、独特的体现，他们的自尊与社会形象得到了提升，进而会更加珍惜别人所不能享受的资源，因此，从这个角度来讲，相对于 MOOC，学习者将会更加珍惜 SPOC 的学习。

第四，SPOC 是满足学生学习需求的一个重要途径。对于校园课程学习来讲，接受 SPOC 的学生无论是课程本专业的学生和其他专业的学生。对于本专业的学生而言，将以往的传统式的课程模式转化为更加灵活的混合学习方式能够促进他们的学习效果提升同时，通过 SPOC，他们能够接触到一些专业领域内顶尖名师的课程，而这些名师以往对于他们而言只是在书本上见到名字罢了。名校名师的效应将使学生感到兴奋），再者接触到专业内领先的技术也会使学生增加学习动机与学习兴趣。最后，SPOC 倡导的学生参与、师生互动、学习共同体也会使得学生与同学、教师的交流机会增多，对课程的参与增多，自信与积极性也会随之升高。对于其他专业的学生而言，他们有机会根据自己的兴趣与需求，学习相应的课程，这对他们来讲必然是一件令人开心的事情。比如，对于男生而言，他们可能虽然选择的是语言学课程，但是他们有的更喜欢编程类课程，因此他们可以选择 SPOC 课程，加深了解，培养兴趣，为就业导航。

第二节　SPOC教学模式的构建

通过实践分析和理论探讨，SPOC 教学模式是"互联网＋教育"环境下高校教学改革的大势所趋，而构建一种合理的、可行的、有效的 SPOC 教学模式势在必行。教学模式的构建无外乎两种方法——演绎法与归纳法。演绎法是从科学理论假设出发，推演出一种教学模式，然后验证其有效性，而归纳法是在自己的教学经验或者前人的总结基础上进一步加工改造得出的一种教学模式。然而，教学模式的研究一般不仅采用一种研究方法，而是多种方法的合理组合。SPOC 教学模式的构建结合了演绎法与归纳法。演绎法在教学模式构建中主要体现在理论假设的提出上，依据混合式学习理论、关联主义学习理论和深度学习理论提出模式构建的切入点；归纳法体现在分析、归纳已有 MOOC 模式和 SPOC 教学模式的基础上，结合理论假设，完成对 SPOC 教学模式的构建。

一、SPOC 教学模式构建的依据

（一）相关模式的对比与分析

通过分析高校教学模式转型的基本趋势和 SPOC 教学模式的功能目标，研究者初步确定了 SPOC 教学模式功能定位，而要实现这些功能，需要组合多种模式要素，按照教学模式构建方法。笔者先分析了 MOOC 模式的特点，通过与 MOOC 模式对比，并在此基础上以深度学习理论和关联主义学习理论为理论切入点，初步确定了 SPOC 教学模式的几个基本要素。然后，笔者选取了一个较为典型的已有 SPOC 教学模式，在分析它的优势与不足之后，取其精华，去其糟粕，归纳完善出本研究的教学模式要素。

1.xMOOC、cMOOC 教学模式的对比分析及启示

MOOC 在发展过程中逐渐分化出两种模式，一为 xMOOC 模式，二为 cMOOC 模式。cMOOC 又称关联主义 MOOC，主要流程是教师开设课程、提供资源、发起对话，学生注册课程，通过多种交互媒介参与互动活动。xMOOC 又称行为主义 MOOC，其教与学的模式主要是教师依照传统教学流程，创设课程、录制视频、组织考试、评定成绩，而学生注册课程、学习视频、完成测验、获得凭证，cMOOC 是以关联主义为基础，强调非正式学习环境下学生学习网络的形成，支持学生以多种形式参与到课程学习中，课程中不仅行基本的学习资源，还要求教师与学生通过共同的话题或某一领域的讨论实现创新，因此 cMOOC 倡导协作交互。xMOOC 体现了高校内部教学模式的延伸，以练习和测验为主。这种模式虽然能够强化学生对知识的学习，但是在学习深度上却体现得不够充分。

通过分析 cMOOC 和 xMOOC 模式，研究者认为二者各有优缺点。按照关联主义学习理论，cMOOC 中的"参与话题讨论"是学生交互学习的重要因素，而 xMOOC 中的"视频、练习、测试"是知识学习的有效途径。以融合 MOOC 和校园课程实现深度学习为目的的 SPOC 包含这两个基本要素。

2. 陈然和杨成的高校 SPOC 教学模式的优劣势及启示

笔者通过文献检索发现，目前契合本节研究主题的典型模式有陈然和杨成构建的基于 SPOC 的混合学习模式。

（1）陈然和杨成的高校 SPOC 教学模式的优劣势。

江苏师范大学的陈然和杨成教授在哈佛大学 SPOC 混合学习模式、加州大学 SPOC 混合学习模式以及清华大学 SPOC 混合学习模式的基础上构建出了高校 SPOC 教学的混合学习模式。该模式以混合学习理论、建构主义学习理论以及系统化教学设计理论为基础，主要分为四个环节，一是前期的准备，如学习者、教学内容、教学环境分析，二是限制性准入，三是混合学习活动设计，四是学习活动的实施与评价。

通过对陈然和杨成构建的 SPOC 混合学习模式的分析我们可以发现，该模式相较于MOOC 模式，有了很大的不同。限制性准入条件的设置是 SPOC 教学的最大特征。而该模式对传统的讲授式教学模式有很大的突破，第一，该模式融入 SPOC 教学平台支持的学习分析，能够让教师更好地了解学生的学习情况。第二，通过引进式、改造式和自建式三种开发方式完成课程资源的设计与开发，因此教师就能够根据教学目标，设置适合

教学对象、教学环境的教学内容，相较于自接使用已有的 MOOC 资源等，更具切合性。第三，采用总结性评价和形成性评价的双重评价机制，学生在平台的学习进度、参与度等都是评价的指标，这样就避免了以往单纯的总结性评价的不全面性。

然而，该模式也有不足之处，首先，它并未体现出教师与学生这两个主体，因此对教师主导学生主体的思想体现得并不充分；其次，这一模式对于深度学习要求的知识建构、知识迁移、知识评价环节体现得不够充分；再次，这一模式缺乏对学生在线交互学习的关注，在线学习中仅仅包含"视频导学"和"任务单导学"两个要素；第四，模式中仅仅体现了"实施与评价"要素，对于 SPOC 的"学分授予"特点并未表现出来，而这正是与 MOOC 的显著区别之一；最后，这一模式仅仅是陈然和杨成等人进行的理论建构，并未进行实践验证，其有效性和科学性不得而知。

（2）陈然和杨成的高校 SPOC 教学模式对本研究的启示。

陈然和杨成的 SPOC 教学模式中有两个基本要素值得本研究借鉴。一是学习分析要素的涉入。以往的大学课程教学模式鲜有涉及学习分析，但是随着教育信息化的普及，尤其是教育大数据时代的到来，学习分析技术在教学反馈、教学个性化和概率预测方面发挥了重要的作用。SPOC 平台成为师生学习数据采集的渠道，通过使用内容分析、话语分析、社会网络分析、系统建模等技术将学生学习数据可视化，是 SPOC 教学模式优于普通教学模式的特色。二是多重评价要素。以往简单的总结性评价不仅很难全面、客观、真实地评价学生，还对促进学生的个性化发展有局限性，而 SPOC 支持通过多重评价方式促进学生的学习，例如该模式中的平台智能测评可以作为过程性评价的一个指标。

然而，该模式的几点不足也是本研究应当注意的地方，如应当在模式构建中体现出深度学习的过程，应当体现出教师与学生这两大主体，应当体现出 SPOC 优于 MOOC 的学分授予环节等。

（二）SPOC 数学模式的功能指标分析

当下高校教学模式转型趋势为 SPOC 教学模式确定了宏观方向，而其具体目标仍需根据 SPOC 本身的特点来定位。SPOC 的目标是融合 MOOC 与高校传统教学模式，通过将 MOOC 教学模式与高校传统教学模式进行比较，了解 SPOC 在融合这两个模式的过程中应有的功能定位。

1.高校传统教学模式与 MOOC 教学模式的比较

高校传统教学模式中课堂是主要的教学活动场所，一般课程持续 2~3 节，主要是"教师 +PPT"的讲授形式，对于学生持续性注意力的要求较高。其缺陷有以下几点：一是教育资源不均衡，少数高校占据了大部分教育资源，这对于普通高校的学生而言是一种不公平；二是学生的参与率低，很多大学的课堂教学成为教师一人的独角戏；三是教师很难做到广泛地了解学情，原因在于教师时间、精力有限，同时对于学生的了解渠道有限；四是由于授课时间和空间的限制，教师很难做到针对性解惑。

MOOC 教学模式的核心是开放与共享，其教学模式主要是课程的组织者通过平台公布学习内容，而学习者借助多种社交工具参与到学习中。当学习者通过一系列测验与考试后，他们将会获得相应的证书。

（1）高校传统教学模式与 MOOC 教学模式的相似之处。传统教学模式与 MOOC 教学模式具有一定的相似性。例如，两者的教学目标基本上一致，都是为了使学习者获得经典的或者前沿的知识，掌握技能。同时，在教学的具体形式上也有很多相似性，如开课时间都具有限制，仍以教师讲授知识为主；课上学习后仍安排有习题与测验，通过期中与期末测验来检验学习成效。

（2）高校传统教学模式与 MOOC 教学模式的不同之处。两者的不同点主要有五点。一是两者的教育理念是不同的。MOOC 体现了开放教育思想——知识应该被自由地分享，学习的渴望应该不受人口、经济、地域限制，然而传统教学的收费特性将无法实现这一目标。二是传统教学模式在情感态度、价值观的培养上是 MOOC 教学无法企及的。此外，MOOC 缺乏个性化教学，缺少师生互动与交流，但 MOOC 教学模式却能够最大限度地发挥优质教学资源，使学生有了更充分的选择权。三是 MOOC 在交互上存在延时性——MOOC 课程中，教师无法观察到学生的反应，即便学生通过论坛等形式反馈给任课教师相应的问题，教师也已经很难对将要进入的下一个阶段的学习做出调整，而传统课堂中，教师可以根据学生的反应做出下节课的及时调整。同时，MOOC 中的交互一般是浅度交互，这种讨论与协作远不及同学之间相互认识、同吃同住同学的交互深入与自然。四是 MOOC 需要教师投入更大的精力。一般而言，一个人开设一门 MOOC 的难度非常大，MOOC 需要教师录制视频、维护平台等。如果没有团队支持则实施的可行性很小。五是 MOOC 教学设计的针对性不如传统课堂教学的针对性强。由于授课对象较为宽泛，MOOC 组织者很难做到兼顾各种类型的学生，很难实现因材施教。

2.SPOC 教学模式的功能目标

SPOC 教学模式是在一定限制条件下将 MOOC 与传统的校园课程进行的融合，通过对比 MOOC 与传统教学模式的异同点与优劣势，能够时 SPOC 教学模式的功能目标进行有效定位。

（1）促进 MOOC 优质教学资源的校园应用。随着国家的不断支持，MOOC 课程建设如火如荼地进行。然而，实验证明 MOOC 结业的学生不受企业的欢迎，那么在现行体制下这些优质的 MOOC 资源在建成后如何应用就成为一个大问题。对于大学生而言，他们更适合使用 MOOC，因为他们具备一定的互联网使用技能、具备较强的自主学习能力等，但是 MOOC 资源却没有得到在校生的充分应用。在已有校园课程的基础上，继续耗时学习一门 MOOC 对于他们来说是困难的。因此，SPOC 教学模式试图将 MOOC 优质的教学资源与快速精准的反馈、多元化评价整合到校园课程中，既不会给在校生增加学习压力，又能够让他们接触到顶尖的课程，提高学习质量。

（2）提高学习参与度，促进交流互动与深度学习。纵观世界各国教育者的研究脉络可以发现，他们从对获取式学习的研究转向了对获取式与参与式融合的学习方式的研究上。学习者只有参与到学习中来，才能真正学习到知识、体验到快乐，也只有参与进来才能够有效地进行自主学习。但是，这里的参与并非是个人层面上的意义。按照关联主义学习思想，学习的过程就是与其他人创建网络的过程，这就要求学生在学习的过程中注重与他人的互动合作。SPOC 教学模式追求通过在线学习共同体的形成，促进师生的交流互动，通过个体对集体的知识贡献，促进集体知识的增长，进而反馈回来促进个体实现深度的学习。具体而言，SPOC 改变传统的单纯课堂讲授的模式，将较为简单易理解的知识识记与领会设置在在线学习环节中。学生除进行 MOOC 视频学习外，还要参与到论坛的互动中，通过对其他问题的解答与讨论，对主题提出个人见解，实现知识结构的共享与有效的协作学习。在这一过程中，集体知识逐步增加，学习也在讨论中走向深入。而在课堂教学中师生更多进行的是实验或者项目设计等，促进学生将所学知识应用到实践中来。例如，加州伯克利分校采用 SPOC 教学模式将他们创建的 MOOC 课程应用于校园课程中，除了完成线上任务，校内学生还要给真实的客户制作软件。又如，清华大学在其核心校园课程"云计算与软件工程"中引导学生观看由加州伯克利分校开设的英文版课程的视频。在课程项目中，学生要以团队形式为真实客户开发一套应用程序。SPOC 教学模式是将低层次的目标要求置于在线自学与合作中，将更高层次的技能发展置于课堂的任务完成、活动参与中，逐步深入的教学目标设计，促进学生的深度学习。

（3）加强教学反馈，追求个性化教学。我国古代教育大家孔子提出"因材施教"的思想，但仍受教育资源与教育技术的限制。在这种大班授课制中，要体现个性化教学难度非常大，然而，在技术快速发展的今天，最有前途的探索途径就是个性化学习。J.Michael Spector 认为，我们应当充分意识到个性化学习在数字时代的巨大潜力。在过去几十年里，有很多研究尝试去实行个性化学习，如从程序文本到智能教学系统，尽管它们在一定程度上受到了限制，但是这些尝试已经取得了一些成果。程序文本大多用来支持学习陈述性的知识，而智能教学系统常用于已经确定学生存在的问题以及需要的解决方法的情境中，它们大多用简单的方法去测量学生对于内容的掌握程度。SPOC 试图借助 MOOC 与学习分析技术，增加教学反馈，体现出个性化教学思想。SPOC 的核心理念就是通过私有的、定制的、高质量的导师制教学，促进学生的深度学习、深度理解。因此，它的特点之一就是限制学生人数与准入水平。这在很大程度上降低了教师因材施教的难度，同时 MOOC 在线资源与课堂教学的融合不仅使教师节省出以往知识传授的时间，还允许教师利用平台数据去追踪分析每个学生的学习轨迹，诊断学生的薄弱环节进行导学与督学，推送相适应的学习内容。

（三）SPOC 教学模式的构建原则

1.参与性原则

学生作为学习过程中的主体，应当积极主动地参与到学习过程中，搜集、汲取知识，应用、体验知识，这样才能实现真正意义上的知识获得和思维培养。SPOC 教学模式的功能目标之一就是提高学生的参与程度，促进深度学习而非表面知识的记忆。因此，在构建该模式的过程中，各部分要求教师应当遵循参与性原则要求，发挥学生的主动性、积极性和自主性。

2. 社会性原则

教学实践是一种社会交往的实践，教与学的过程密不可分。学生与教师在这个学习系统中扮演不同的角色，并承担着相应角色所必须承担的责任。他们形成学习共同体，通过协作交互完成意义的建构。SPOC 教学鼓励学生与教师的深度协作交流，倡导通过个体知识的获取为集体知识的增加做贡献，而集体知识的增加反过来促进个体知识的发展。因此，线上的交流、线下的互动等环节都将体现出社会性原则。

3. 系统性原则

教学是一个系统的过程，通过对资源、程序与技术的整合应用，实现学习最优化的安排。系统性原则体现在 SPOC 模式上是指一种持续反馈的动态的模式，它不仅包含具体的教学活动，还体现出对学习者等因素的动态分析、对课程资源的动态设计，以及对教学过程中的持续反馈。

二、SPOC 教学模式构建分析

当前的 MOOC 教学模式主要包含三个环节：前端准备、组织运营和教学评价，由于 SPOC 源于 MOOC，因此本节仍旧以这三个环节作为 SPOC 教学模式的主线。

此外，通过上文对高校教学改革的基本理念、SPOC 教学模式的功能定位、相关模式及教学模式构建原则的分析，本节总结出五个 SPOC 教学模式的基本要素，分别是任务单、视频与测验、论坛互动、学习分析和学分，前三个要素体现在 SPOC 在线学习中，学习分析体现在在线学习数据的分析来优化线上线下学习上，而学分环节是学生在达到课程评价标准后的最后环节。作为 SPOC 区别于 MOOC 的重要特征，限制性准入因素必不可少。

同时，由于构建的 SPOC 教学模式是以实现学生的深度学习为最高目标，因此应体现出深度学习的过程。按照深度学习理论中关于深度学习过程的要求，学习者完成深度学习需要经过知识建构、迁移应用、评价反思等环节。结合 SPOC 教学的线上线下特点，知识建构的过程主要在在线学习中完成，而迁移应用、评价反思主要在线下教学中完成。

整个模式的流程应当是教师先要完成课程的前端准备，在完成课程前端准备后对学生进行筛选准入，达到准入条件的学生能够顺利进入过程组织环节。在过程组织环节，学生进行 SPOC 学习与课堂学习，在完成课程的学习后成绩达标的学生能够获得相应的学分。

（一）前端准备

就课程的教学目标而言，MOOC、SPOC教学模式与传统的校园课程并无明显差异，都体现三维教学目标——知识与技能、过程与方法、情感态度与价值观。不同之处在于学习对象的变化、教学内容的变化和学习环境的变化：

1. 学习对象的分析

相较于MOOC教学模式，SPOC教学模式对学习者进行了较为严格的限制，而这种设置正是SPOC不同于MOOC的根本原因。一是学生的学习需求发生了变化。MOOC学习者的学习需求可能包括尝试这一新兴的教学模式、知识需求、打发闲暇时间等，但是SPOC学习者的需求集中在专业学习、学分获取、拓展兴趣上，这就要求SPOC教学要更具深度。二是限制性准入条件的设置能够减少学生的差异性。面对小规模的学生群体与面对大规模的集合是不同的。三是私人准入特性使学生在心理上获得一种与众不同的荣誉感。限制性准入意味着有的人可以进入学习，有的人则只能以旁听者的身份访问有限的资源。对于更多的教学服务他们无法企及。当只有有限的人可以享受到所有的资源与教学后，他们会更加珍惜学习的机会，学习态度更加端正，更容易坚持完成课程的学习。四是收费的特点将会大大提高学生对课程的重视程度。同时，相对于MOOC，这一特征也要求SPOC为学习者提供更高级别的、更高质量的教学服务。课程开设者要了解学生的学习需求，了解学生对于网络学习的态度等。

相较于传统的课程，SPOC教学模式下的教师不再指向固定专业学生授课，而是面向多专业甚至全校学生，这种变化就要求教师充分考虑到学生的基础水平和专业背景。

2. 教学内容的动态设计

由于限制性准入的设置，学习者发生了较大变化，对教学的质量有了更高的要求，而这些变化将导致教学资源的不同。第一，资源推送的方式发生了变化。MOOC教学资源一般是教师团队事先规划好，然后定期推送给学生，而SPOC中，教师需要根据学生在上一阶段的学习过程的反馈及时调节下一周期的资源。第二，MOOC资源需要教师亲自编制、拍摄内容，而SPOC允许三种资源设计方式——引进式、改造式、自建式。其中，引进式是引进已有MOOC课程开展SPOC教学。教师通过创设准入密码，要求学生在完成MOOC学习后才能进入课堂教学。这种方式大大降低了教师开展SPOC教学的难度。改造式是改造现有精品课程或者MOOC等资源进行SPOC教学。现有的国家精品课程或MOOC在师资力量上有着无法比拟的优势，但是这些资源却很少能够使在校生受益，通过改造式资源设计教师能够根据课程教学的需求，改变精品课程或者MOOC的课程结构、评价方式、部分教学资源等，使优质的教学资源能够融入校园课程中。自建式是自行设计创建教学资源，包括课程视频的制作、练习题目的设计、教学结构的规划、教学平台的选用等。国内外很多名校名师采用这种自建的方式对本校学生开展SPOC教学。

除此之外，限制性准入引起的学习者学习需求等内部因素的变化还会引起师生外在行为等要素变化，如教师的参与性增加，答疑活动增多，线下交流活动与在线学习的比例增大，等等。这一部分内容将在教学过程部分详细阐述。

3. 学习环境的混合与优化

学习环境作为学习活动开展过程中赖以持续的条件，是影响学习效果的重要因素。SPOC 模式的学习环境实现了 SPOC 平台云学习环境和线下学习环境的混合，当然还涉及其他辅助性的媒体工具。

SPOC 云学习环境支撑了课程在线部分核心内容的开展，不仅包括课程学习所需要的大量学习资源（教师提供的资源以及学生共同创建的知识）、各类学习工具（如虚拟实验室、在线编程工具、Wiki 等），还能够对海量学习数据进行存储管理与可视化分析，支持多终端的融合，实现不同环境下不同终端同一账号的断点续学。目前，SPOC 平台的使用方式一般分为三类，第一类是教师直接使用 MOOC 平台上已有的 MOOC 课程，针对小范围人群开展 SPOC 教学；第二类是教师创建 SPOC 课程投放到 MOOC 平台或者其他平台，因此课程具有私人特性，而学生只有通过教师获取课程密码后，才能进行线上学习与线下学习；第三类是为了结合实际校园课程的教学需求，教师对 MOOC 资源进行整合修改，使用其他学习平台向学生开放。

线下学习环境主要是指课堂学习环境，除基础的物质条件之外，还包括学习氛围、学习动机、人际关系等非物质条件。SPOC 的线下学习环境要求教师通过实际的问题激发学生的学习动机，并通过人际的交互营造动态的学习氛围，这也是深度学习的学习环境特征之一。

SPOC 通过混合云学习环境和线下学习环境来完成优化的过程。这体现在线上的公环境为学习者提供了知识获取的空间，线下的学习环境为学习者提供知识迁移反思的空间，线上的云环境为线下的学习奠定基础，线下的学习又反作用于线上云环境的创设。

（二）限制性准入

SPOC 教学模式在形式上的最大特征为限制性准入，这是与 MOOC 的一大区别。用以实现课程的密闭性，保证学生的私密性，这要求教学者对学生进行初步的筛选，目的在于学生在学习基础、学习能力等方面的差异性，增强学生学习动机，促进课程的可持续性发展。具体来说，通过限制性准入，教师可以降低学生的规模与学习差异性，有利于学习者分层及因材施教。同时，部分教学资源的私有性能够增加学生对课程的重视程度，激发学习动机。一般而言，限制性准入条件体现在三个方面。

1. 课程的收费限制

相较于 MOOC，SPOC 追求更高质量的导师制教学，而 MOOC 的成本运行问题已经向教育界敲响了警钟。因此，从目前来看，大部分的 SPOC 课程面向的主要是在校大学生，他们在每学年的注册过程中都会缴纳相应的学费，而这些费用正是 SPOC 可持续发展的基本保证。从资金流向来看，通过 SPOC，学生缴纳的学习费用经过学校流向教师，在这个过程中，学生享受到了高质量的教学，教师得到了相应的回报，学校的教学质量也得到了提升。

2.学生的研修专业限制

对于学生当前研修专业的限制能够在很大程度上减少学生间的巨大差异从已有 SPOC 教学案例来看，大部分课程教师都将学生的学习专业限制在一定范围之内，如天主教鲁汶大学（UCL）开设的 SPOC 课程在学生的专业限制上的体现主要是面对计算机科学专业的本科二年级学生，清华大学开设的"云计算与软件工程"SPOC 是针对本校计算机科学实验班学生。对于专业的限制为后期进行更深层次的教学奠定了基础，这也是符合 SPOC 追求的价值理念的。由此可见，学校在设置准入条件时，学生的研修专业可以作为限制条件之一。

3.学生的基础知识水平限制

虽然从各个学校的 SPOC 模式来看，主要面向的是本专业的学生，但是仍不乏未限定专业或者专业限定范围较大的课程。在这种情况下，通过要求学生在课程开设前提交作品能够在一定程度上降低学生间的差异。例如，哈佛大学的美国国家安全 SPOC 课程，要求学生提交有关美国政府应对叙利亚冲突话题的书面作业，未通过申请的学生可以以旁听的身份参与课程学习，但是无法参与线下的课程学习。

以上三个方面能够实现对限制性准入条件的设置。一般而言，某一门 SPOC 课程只需根据实际教学情况，满足其中一条或者两条要求。学生在通过课程限制条件后，可以参加 SPOC 的学习。与传统课堂教学不同的是，教师需要进行课程的开设，学生进行学习注册。学生注册课程一般有两种渠道，一是通过教师提供的访问密码进入在线学习；二是学生进行在线申请，教师通过平台批准。在注册完课程后，教师与学生进入教与学的阶段。

（三）线上线下的教学过程组织

当学生与教师进入教学组织阶段时，他们要完成的主要任务是学生分组和每周期的学习活动。

1.学生分组

为了支持 SPOC 教学模式中的合作探究、项目训练等教学环节，在学生完成课程申请后，教师需要对学生进行分组。因此，需要对学生进行基础学习水平的测验和学习风格的测验，按照"组内异质、组间同质"的原则进行分组。

第一，对学生的基础学习水平测验要在 SPOC 平台上完成。每一个申请课程的同学需要完成一套简单的测验试题，测验完成后系统自动打分。教师根据学生得分情况，按照 S 型路线分组，如成绩位列 1、2、3 名的同学分别在 A、B、C 组，成绩位列 4、5、6 名的同学分别在 C、B、A 组，这种分组方式保证了组间的差异性较小，同时组内具有的差异性可以促进后进生的进步。

第二，通过 SPOC 平台对学生发放学习风格测量量表，教师对学生的学习风格进行初步测定。教师向学生推送学习风格测量量表，初步分析出学生的学习风格后，按照学习风格分组的原则，从学习风格角度对按照成绩分组的结果进行调整。

2. 每周期的线上线下教学流程

SPOC 模式是把 MOOC 模式与现行的课程模式相整合，因此需要选择一种方式来实现这种整合，同时保持 SPOC 作为一个独立且相关的课程。研究者采取的解决方案是将课程的内容分割到两条轨道：一种是由 MOOC 支持的在线课程的私人版本；另一种是继续使用传统的课堂形式，不同点在于课堂形式与内容发生较大变化。在线部分需要为学生奠定知识基础，同时传统的课堂环节包含更多的实例与任务来解释与加强在线部分包含的材料，并且提供更多高级的概念。整个课程被分成若干个循环周期，每个周期将由同一个流程进行。周期的界定可以以学习主题为标准，也可以以一星期的学习时间为标准。从教师与学生两个角色序列出发，教师角色序列描述的是在整个 SPOC 教学模式实施过程中教师的行为及其角色定位，而学生角色序列描述的是学生的行为及其角色定位，从这两个角色出发的目的在于详细阐释出教师与学生是如何体现出主导主体地位的。

（1）SPOC 在线学习——知识获取与建构的过程。在这种被技术加强的学习环境下，自主学习的重要性得到了充分的重视，因此有效的学习活动是必不可少的。笔者通过多种在线教学活动的设计来实现学习者的自学与教师的监督共同发挥作用，以期提高在线学习效果，促进学生完成对基本知识的获取与建构过程。在这一阶段，学生在 SPOC 平台根据学习任务单进行视频与测验自学、论坛的讨论等，并根据自己的学习情况填写任务单，而教师回收学生的任务单，并依据学生的在线学习数据进行学习分析，依据任务单的反馈情况和学习分析结果选择补充资源或者设计线下教学。这一阶段的目的主要是促进学生对基本知识的学习与掌握，促进学生集体知识的增长，完成深度学习的第一步——知识建构。

构建的过程可以概括为以下几个步骤：

①学生学习行为。具体而言，在这一阶段学生行为主要包括四种。一是任务单导学，学生需要在在线学习平台阅读教师提供的学习任务单，了解本课程学习目标。二是在了解学习目标后，根据课程任务单的要求完成规定的视频学习以及测验习题，并提供精细的反馈。二是参与论坛的讨论，学生可以根据视频和测验中的问题提问或者解答，也可以根据本周期课程学习的主要内容或者相关的话题进行探讨。在整个过程中，平台的知识论坛能够为学习者提供一个广阔的交流空间，学生会经历观点的提出、集体的讨论、学习社区集体知识的形成。四是完成一节课的学习后，填写任务单中的重难点，将自己的学习情况反馈给教师。

②教师教学行为。具体而言，这一阶段教师的行为包括五种：一是学习任务单的上传与回收，在每个教学周期内，学生完成内容学习后都会将学习任务单反馈给教师，而教师需要及时回收任务单，并分析学生的疑惑点。二是根据学生的学习任务单反馈结果，教师可以设计新的视频、测验或者引发论坛的讨论来解决学生的问题，这正是与MOOC不同的一点。具体表现为教师需要根据学生的反馈推送相应的资源，使课程资源的设计一直处于动态变化之中，教师也可以将班级内较为集中的问题纳入线下的面对面教学中，完成疑难讲解。三是教师或者课程助教需要定时地参与到学生的论坛互动中来，引导学生进行深度的讨论MOOC中也存在助教的答疑环节，但是这种交互一般较浅。而SPOC中要求教师能够引导学生参与到交互中来。根据Baxter的观点，学习者自身的经历显示，如果他们能够成功地向其他学习者发起和保持在线交互，这对他们学习的投入程度将会产生强有力的影响，而教师的职责之一就是保证这一交互的持续进行，因此教师需要采用及时有效的策略促进学生参与到交互中来，如设置一定在线讨论的任务、采用奖励制度等方式增加互动。四是教师要对学生的学习数据进行学习分析，依据结果对学生进行监督与反馈。SPOC平台会留下学习者的大量学习数据，这些数据记录着他们的学习痕迹，教师需要提供对这些数据精确到个人的分析服务。例如，有多少学生没有提交作业，分别是谁；哪些学生线上学习活跃度过低或对视频的观看次数少、测验的尝试次数也不高。此外，针对学生的学习数据，教师还可以使用诸多工具进行深度的学习分析，如使用Udnet对学生的论坛发帖情况进行量化分析以了解交互网络状况、使用NVIV；对学生的论坛帖子内容进行质性分析以了解学生的交互的深度等。根据学习分析的结果，教师可以对学生进行个别辅导，也可以优化教学设计。

③学习任务单的设计。在该阶段，任务单的设计与使用尤为重要，因为它会影响学生自主学习的深度与广度、完成目标的程度以及教师对学生学习情况的直观掌握程度。任务单主要以文本或图片的形式呈现给学生，其作用主要是引导学生明确本节学习目标，了解学习的主要内容，完成学习后将学生的学习结果反馈回来，因此，学习任务单主要包括三部分内容：本节学习目标、本节主要内容和本节学习情况反馈。教师在进行任务单设计时应该秉持三点基本原则：一是符合学生的现有知识水平。教师设计的任务单内容不能超越学生现有水平，难度系数过大的目标会降低学生的学习积极性，打击其自信心；然而难度过低的目标又不能激起学生的学习兴趣，所以这就要求教师在设计任务单时先了解学生的学情。一般来说，第一课时的任务单较为难设计，但是由于教师逐步掌握了学生的基本情况，对之后的任务单就较有把握了。二是清晰明了，言简意赅。任务单并不是学生学习的内容，教师应当用简介的话表达最中心的要求，切忌重复啰唆。三是任务单要与面授课程衔接起来。由于SPOC教学追求知识的增长与技能的提升，因此在面授环节中教师会增加实践活动的内容，借以提高学生的能力。这就要求教师在制作任务单时有意识地引导学生为参与实践项目或实践活动奠定基础。

（2）线下学习知识迁移与反思过程。在完成第一步 SPOC 在线学习后，学生必须参加线下的课堂学习以完成深度学习的第二步——知识的迁移应用和评价反思。这一阶段聚焦于问题解决，学生根据学习情况提出问题，教师要针对问题创设情景引导学生进行探究，小组合作探究后完成任务，并进行成果的展示与评价。在这个环节，教师可以引入案例的讨论、项目训练等鼓励学生进行主动的学习，确保所有的学生都理解 SPOC 在线环节已经获得的相关理论知识，能够将所学的知识迁移到具体的应用中，从而形成解决实际问题的高阶思维。在体验真实的团队合作活动时，学生能够了解所学知识与技能如何真正发挥作用，这种经验对他们以后的学习将起到激励作用。

学生闲暇学习知识迁移与反思的过程主要分为三个阶段：

①学生学习行为。在这一阶段，学生的行为主要有四点。一是提出问题。本节所讲的"问题"可以是学习中遇到的疑难知识点，也可以是需要运用所学知识来解决的实际任务，如在 C++ 课程中，学生可以提出的问题包括如何使用选择结构程序对学生的成绩进行分类输出。提出这些"问题"是为了促进学生掌握难点知识，并能够迁移运用所学知识。由于经历了在线自主学习阶段，学生对该主题的基本内容已经有所了解，对不易理解的内容，或是通过与其他同学的交流，或是通过教师的辅导走出困境。学生需要针对在线学习中的难点提出问题，提出问题的方式可以是以口头形式向教师直接提问，也可以向同学请教，寻求同伴互助，这个过程是学生与其他学生、与教师交流探讨的过程，不存在学习困难的学生可以展示自己的思维与技能，存在学习困难的学生可以寻求教师或同学的帮助，在指导与被指导之间，促使学习者对已学知识进行巩固强化。二是学生要在教师的引导下小组合作探究得出问题的解决方案。这要求学生明晰所需解决的问题，根据要求，提取已学知识，用于新的情景中。在教师的引导下，通过合作探究与独立思索相结合的方式逐步获得解决问题的方案。三是学生将最后形成的解决方案、想法等通过平台或者现场演示的方式进行汇报展。四是学生对其他组的成果进行评价，并根据教师与同学的评价与反馈对最初的作品进行修改优化。

②教师教学行为。在这一阶段，教师的行为主要包括四点。一是教师对学生提出的问题进行归纳总结，针对学生反馈的疑难点进行有针对性、有选择性地二次讲解与疑难解答。对学生提出的实际问题，教师要总结归纳，选择有价值有意义的问题开展深入探究。如果学生并没有提出具有深入学习价值的问题，那么教师就需要创设情境，引导学生使用知识解决实际问题。二是教师引导学生对问题解决方案进行探究。按照前期的分组，引导学生讨论，由于这些实践活动对学生来说可能是新的、有难度的，因此教师的作用是通过个别指导减少存在的困难，在学生"卡壳"时向学生提供必要的帮助，同时监督所有学生参与到探究中来。三是验证学生的解决方案。探究活动结束后，学生会展示自己的方案，教师需要对学生的方案进行验证，给予学生明确的正误标准，保证存在错误的地方能够得到及时的改正。四是完成对各小组解决方案的评价。评价形式为自评、互评、师评的混合。教师需要综合所有评价的结果进行总结。在评价的过程中，引导学生对探

究结果进行反思，教师要引导学生批判性地接受知识、应用知识。同时，将学生在知识迁移过程中遇到的困难记录下来，并以此为基础推送 SPOC 在线学习的资源。

③问题的筛选与设计。在这一阶段中，核心工作之一是如何选择或者设计好的"问题"。概念与原理等学科内容的学习是不可能脱离具体的活动而进行的。学习者在掌握一项技能时，先是掌握一定的知识，然后以新手的方式参与活动，逐步发展自己的技能。因此，选择或创设新手问题是至关重要的。教师在对学生的问题进行筛选或者设计线下问题时应当遵循以下原则：第一，问题是偏向现实的，解决方案是学生通过探究后可实践的。在理论情境下学习的技能是虚技能，没能应用出来的知识只是学习者头脑中的符号，但是想要解决现实情境中的实践问题一般都是比较困难的，如培养学生的编程技能，如果为学生创设真实的软件编程公司的高度真实问题，需要付出较大的成本，这对于高校来说也是难以实现的，那么选择的问题就应当是位于理论情境和现实情境之间，而又偏向于现实情境的。如利用所学编程知识为教师开发一套成绩管理系统。第二，问题是高度浓缩的，解决问题的方案是易于迁移的。教师选择的问题应当是对真实世界的简约概括与反映。学生能够在这样的问题解决中体验到真实世界的运作，同时不会被无关的因素干扰，而且学生在解决这个问题的过程中习得的技能应当易于在其他情景中应用。

3. 基于在线学习数据的学习分析

学习分析技术是对学生生成的海量数据的解释和分析，以评估学生的学习进展，预测未来的表现，并发现潜在的问题。在网络教育的蓬勃发展中，教育领域的学者、教师等越来越看重学习分析技术，他们将其视为实现个性化教学的突破口，也是促进教学方式变革的重要推动力。在 SPOC 中，学习分析主要体现教师对平台记录的多种数据进行采集分析。通过对这些数据的分析，教师能够了解学生尚未理解的疑难知识点、学生的学习效果和学习风格，同时依据构建学习评价层次模型可以实现量化和非量化相结合的在线学习评价体系的应用。

（1）SPOC 学习分析数据源。SPOC 平台大致分为三种类型：一是依托现代的 MOOC 平台（如 Coursera、学堂在线等）；二是使用现有的开源平台（如 Moodle、Saikai 等）；三是教师团队自行开发的学习系统。但是，无论是哪类平台，其数据库中都应记录师生学习中的大量数据，主要包括登录次数、在线时长、测验与作业完成情况、论坛日志等，此外很多 SPOC 平台还能统计每个视频的反刍比。视频反刍比这一概念是复旦大学的蒋玉龙教授在运行 MOOC 课程进行学习分析时提出的，他认为学生单个视频的观看时长除以该视频的原始时长即为"反刍比"，反映的是学生反复观看视频的程度，这是一个教师监控视频学习情况的直观数据分析概念。这一数据的分析有助于教师了解学生学习过程中存在的困难。同时，教师可以清楚地看到学生在线时长，登录次数，每个视频观看了多少次，进行了多少次测验类试，论坛讨论的日志记录了学生在论坛中的发帖与回复情况，等等。

（2）SPOC 学习分析结果。在教师视角下学习分析的结果主要包括疑难点知识、学生的学习效果、学生的学习风格及自我学习形成性评价体系。

首先，通过学习分析，教师能够了解学生存在的疑难知识，这一结果的得出主要是依靠对视频反刍比和测验、作业的完成情况的分析。平台统计的视频反刍比能够直观了当地向教师展示哪段视频学生观看的反刍比最大。当反刍比较大时，说明学生反复观看程度高，这也正是疑难的知识点。同时，测验尝试次数较多、作业完成质量较差的地方也是对于学生而言较为困难的地方。

其次，通过学习分析教师能够了解学生的学习效果，这一结果的得出主要是依靠对测验、作业完成情况以及论坛帖子的分析。当学习效果较好时，学生对测验的尝试次数在合理次数内，如果超过合理的次数，说明学生并没有很好地掌握基本内容，对作业完成情况的分析也是同样的道理。使用社会网络分析法对论坛中学生的发帖及回复率的分析能够反映出学生交互的程度。当交互较为密集时，学生的学习效果更好。

再次，通过学习分析，教师能够建立量化和非量化相结合的在线学习综合评价体系。这一过程包括三个环节：在线学习综合评价层次模型建立、各观测点数据采集与转换、在线综合评价成绩生成。第一个环节是在线学习综合评价层次模型的建立。教师可以使用现有的模型，也可以自行构建评价层次模型。如果自行构建则需要教师确定学生的学习态度、互动表现、测验与作业表现等一级指标以及若干二级指标。结合数学领域的模糊理论以及层次分析法，为各指标定义相应的权值，从而完成对学习评价层次模型的构建。第二个环节是各观测点数据的采集与转换。所需数据主要评价指标对应的数据库数据。第三个环节是根据评价层次模型计算对应的数据，得出学生的在线学习综合评价成绩。

最后，通过学习分析，教师能够了解学生的学习风格，这点主要依靠对学生在不同学习模块的参与情况进行分析，如果学习者对视频、测验模块的访问频次很高，且持续时间较长，但是在论坛模块的访问频次和持续时间较短，说明这个学生的学习风格更加偏向于场独立；而如果学生在论坛模块的访问频次和持续时间较长，说明这个学生的学习风格更加偏向场依存。在了解学生的学习风格后，教师可以因材施教。例如，对于场独立型学生，教师应该多提供一些难度较大且具有挑战性或探究性的学习内容，促进其自主学习能力和创新思维能力的发展；而对于场依存型学生，教师要多为他们组织一些合作学习和小组活动，使他们倾向的学习风格能更好地发挥作用。

学习分析的结果除了用于教师优化教学，还可以直接反馈给学生，他们能够通过与同伴的对比找出差距，及时发现自己的不良行为，从而做出自我调整。

（四）多元教学评价

SPOC 倡导多元化的教学评价，相较于 MOOC，SPOC 对学生的严格要求、高质量的导师制教学以及允许线下考试等特性有效地保证了学生课程学习的质量与真实性，使学生在完成课程后获取学分成为可能。如果学生在完成课程的学习后，评价结果达到课程要求的标准，那么将会获得对应的大学学分。

1. 多元教学评价

教学评价是指以教学目标为依据，制定科学的标准，运用一切有效的技术手段对教学活动过程及其结果进行测定、衡量，并做出价值判断。每一种教学模式都有对应的教学评价体系来完成对教学活动过程及其结果的测定与衡量，并给出相应的价值判断。

鉴于本节构建的 SPOC 教学模式旨在提高学生对知识与技能的掌握，促进参与程度的提高与深度学习的开展，所以在评价目的上，将评价作为学习体验的一部分，而不是作为简单的方式来衡量学生。鉴于此，教学评价是将形成性评价和总结性评价相整合的一种多元化评价，其多元性体现在评价内容的多元化评价、主体的多元化和评价方式的多元化上。评价内容的多元化是指评价内容，包括学生在线学习的表现、成果作品以及期末考试的表现；评价主体的多元化是指在评价主体上采用自评、互评以及在线学习系统评价相结合的方式；评价方式的多元化是指 SPOC 允许教师采用定性与定量相结合的评价方式。多元教学评价主要分为以下两种：

（1）形成性评价。形成性评价主要包括两方面的内容：对学生在线学习表现的评价、对学生作品或者方案的评价。对学生在线学习表现的评价主要是通过 SPOC 平台系统来实现，如教师可以依托学习分析技术创建一个综合评价体系，通过计算学生在线学习的各种数据计算出其在线学习的表现状况，并予以赋分时学生作品或者方案的评价，主体是教师和学生。一般在课程结束后通过使用学生学习评价量表来实现。在量表内，针对不同维度下的不同指标，有学生本人的自评、小组成员的互评以及教师的点评打分，通过整合两种评价的结果，可以确定学生在完成某项作品或者制作某一方案的过程表现。

（2）总结性评价。总结性评价主要体现在期末测验成绩上。相较于 MOOC，SPOC 允许学生在线下进行考试测验。这种线下的考试更具真实性，有效地降低了作弊的可能性。测验成绩也应当作为多元评价中的一部分，是教师进行总结性评价的依据，它能够反映出学生在课程学习中知识与技能的掌握情况。

2. 学分获取（学分互认）

MOOC 大多是为完成课程的学生颁发证书。相较而言，SPOC 能够为学习结果达标的学生授予学分，这种学分在很多地方已经实现了校际互认，评价结果未达到标准的学生可以再次申请课程，进行重修。

SPOC 中学生获取学分的方式一般分为两类：第一类是本校学生选择本校的 SPOC 课程后，由学校赋予学分，如浙江大学开设的《物理学与人类文明》SPOC，学生在完成这一课程的学习后能够获取浙大学分。第二类是学生跨校选修其他学校的 SPOC 课程，完成课程学习后能够获得校际互认的学分，例如，浙江大学推出了 CNSPOC 云课程平台，其实现学分互认的合作院校包括浙江大学、北京信息科技大学等，学生可以实现跨校选课。在校学生在 CNSPOC 平台选修其所在学校认定的学分互认课程，即可在通过 SPOC 考核后得到相应课程学分，该学分由学生所在学校授予。此外，国内实现了学分互认的还有上海市西南片高校联合办学的 19 所高校等。上海交通大学自主研发了"好大学在线"平台，学生在平台完成学习后可以得到正认的学分，在这一趋势下，学生可以跨校选修合作院校的 SPOC 课程，在通过课程考核后得到校际联盟的学分，这也在很大程度上提高了学生的学习积极性。

三、SPOC 教学模式实现条件

SPOC 教学的实现条件是指有利于该教学模式发挥效力的各种有利因素，包括物力条件、人力条件与动力条件。

（一）物力条件

物力条件主要是指教学所需具备的软硬件设施及相关基本保障、SPOC 教学模式是一种集线上课程与课堂教学为一体的新型模式，对计算机（或其他上网设备）、校园互联网、网络教学管理系统以及教室的多媒体等设施都有着较高的要求。首先学生可以根据个人时间安排完成在线课程的学习，这就要求计算机在学生群体有着较高的普及率。对于学生来说，他们至少要有一种支持工网功能的设备。其次，在线课程是动态地推送课程，学生不仅可以观看 MOOC 视频，及时进行测验，还能够与师生讨论交流、书写云笔记、完善 Wiki 等。这些学习环节的实现有赖于良好的校园网络环境。此外，高速宽带校园网络不仅要覆盖教室，还应当延伸至图书馆、宿舍楼，乃至校园的每个角落，全方位的网络覆盖才能保证学生可以实现随时随地的移动式学习。SPOC 要求教师掌握一门优秀的课程管理云平台，不论是各种 MOOC 平台，还是 Moodle、Sakai 等其他功能强大的管理系统，都能够为实现 SPOC 教学提供平台支持。

此外，学校政策的支持与鼓励也是开展 SPOC 教学的一个重要物力条件。例如，福州大学鼓励教师开展 MOOC、SPOC 课程建设项目，为每门课程提供 15 万元项目经费，每门课程项目获得 30 分绩效加分。学校政策的支持能够对教师和学生的教与学起到巨大的推动作用。

（二）人力条件

在 SPOC 教学模式的前期准备、课程开设、在线教学等环节由专业教师及助教组成的课程团队发挥着重要的作用，这不但要求任课的教师通晓 MOOC 课程可校园课程的整合流程、教学过程的实施方案以及教学方法的使用方法等，而且要求教师能够及时改变传统的教学观念，接纳新的教学理念。此外，开展 SPOC 教学还需要有 1~2 名的助教，这些助教可以是学生群体表现优秀者，也可以是更高年级的优秀学生，还可以是其他合作的教师，助教不仅需要对学生在线学习中遇到的问题等及时进行解惑，还需要负责课程平台的管理工作、资源的推送和学习的监控等。

（三）动力条件

第一，教育信息化与教学网络化、数字化、全球化等是 SPOC 教学模式发展的外在动力。教育部 2018 年的工作要求是加快教育信息化，基本实现学校互联网全覆盖，加大优质数字教育资源的开发与应用力度，探索在线开放课程的带动机制，加强 "MOOC" 的建设、使用与管理等。由此可见，教育信息化的建设已经如火如荼地进行。教育信息化的核心关键词是教学信息化，这要求教师能够做到教学理念先进化、教学模式现代化和教学手段科技化。为此，学校与教师必须重视创设和应用新型的教学模式以提高在校生的教学质量。而作为 MOOC 优质教学资源的一种校园应用方式的 SPOC 教学模式正是这一动力作用下的产物，它是对改革高校课程教学模式的一次新的尝试。

第二，学生全体全面发展的需求是 SPOC 教学模式发展的内在动力。由于人的本性与社会的要求，学生有着全面发展的特殊需求，这一需求又促使学生不断寻求满足需求的发展。SPOC 教学模式不仅能够满足学生对于知识的发展需求，还能够促进学生的知识迁移应用能力的提高。而协作交流的学习形式也能够促进学生养成良好的人际合作能力，对新想法、新思维的培养起到引导作用。

四、SPOC 教学模式的教学应用

《面向对象程序设计》课程是普通高等院校必开的课程之一，也是教育技术专业本科生的必修课程之一，这门课程将引领学生进入计算机编程的领域，对教育技术专业的学生从事软件开发类工作有着重要的意义。然而，这门课程的教学却面临着一个挑战——课程学时少与教学内容多之间的矛盾。程序语言学习是通向 IT 行业的一个重要途径，而 IT 行业作为国内最有吸引力的工作之一，很多非计算机相关专业的本科学生渴望学习这门课程是情理之中的。但是，这类课程通常要求在一个学期内教授完毕，教师很难在完成所有基本知识的讲授之余还能带领学生从事一些真正的应用程序的编制、开发，这就导致了学生在学习完后虽然学到了知识，而基本技能的提升却难以令人满意的情况。

考虑到以上问题，研究者初步确定该课程作为 SPOC 教学的试点课程。通过对学生的前期调查，了解到这门课程具有采用 SPOC 教学的实际需求。根据课程教学需求，研究者与授课教师合作，并依据 SPOC 教学模式对这门课程进行了重构设计，完成了为期 12 周的实证研究。

（一）《面向对象程序设计》课程的教学需求分析

1. 问卷的设计与实施

为了了解 2014 级教育技术本科生在传统《面向对象程序设计》学习中的学习需求以及课程教学现状，研究者对山东师范大学教育技术专业本科二年级的学生进行了调查。根据调查目的编制调查问卷，该调查问卷共分为 4 个维度，分别是对学生的基本信息、MOOC 学习动机、课程教学现状以及 SPOC 学习需求的调查，共计 22 题，其中 21 道选择题，1 道开放性问答题，且第 16 题为陷阱问题。具体而言，问卷的第一维度是基本信息，主要了解学生对于电脑等上网设备的持有情况；第二维度是他们对 MOOC 课程学习的动机调查，主要为了了解目前影响学生学习 MOOC 的主要因素；第三维度是课程教学现状，主要了解学生对现在以讲授法为主的教学模式的态度以及其中存在的问题；第四维度是 SPOC 学习需求调查，主要了解学生在课程学习中的需求，对 SPOC 教学模式的态度及意见，以期更好地开展 SPOC 教学。

为了验证问卷的效度，研究者请本专业的专家进行了点评。从信效度来看，该问卷能够真实有效地实现调查目的。为了解问卷的信度，研究者先对 20 名学生进行了实验性调查，研究者将结果导入 SPSS 进行了信度检验，使用了 Alpha 系数计数方法得出第二、第三、第四维度的克隆巴赫系数分别是 0.794、0.813 和 0.784，由此可知该问卷内部一致性信度较好。

在确定问卷合理有效后，研究者对山东师范大学 2014 级教育技术专业的 75 名学生进行了问卷调查。问卷形式为问卷星电子问卷，实施方式为在线发放，在线 IM 收一共发放问卷 75 份，回收问卷 75 份，有效问卷 75 份，问卷的有效率为 100%。

2. 问卷调查结果分析

研究者将问卷调查结果从"问卷星"网站上以 Excel 的形式导出，根据调查目的对数据进行了分析，得出以下几点结论：

（1）学生具有开展 SPOC 学习的物力条件。从调查结果来看，75 名学生全部都配有电脑，90.67% 的学生拥有智能手机设备，可见他们有充足的上网设备，为 SPOC 教学奠定了物力基础。

（2）学生对于 MOOC 学习资源有着较大的学习兴趣。在调查关于 MOOC 是否有吸引力时，认为 MOOC 对自己非常有吸引力或者比较有吸引力的人数占到了 64%，仅 5.33% 的学生认为 MOOC 没有吸引力，1.33% 的学生认为完全没有吸引力，这说明所调查的学生群体对参与 MOOC 学习有着较为积极的兴趣。

（3）学生对课程教学的满意程度。学生对当前的课程教学满意度较差，表现在学生的参与性较低、课程内容掌握程度低、难以满足学习需求。调查结果显示，在目前的程序设计课程教学中，学生的参与性普遍偏低，能够积极参与课程学习的（非常积极与比较积极的）仅有 20%（6.67% ÷ 13.33%）。对课程内容的掌握情况也不容乐观，一半以上学生认为自己的掌握情况比较差。此外，仍有 28% 的学生明显感觉到现在的课堂学习难以满足甚至完全不能满足自己的需求。这意味着三分之一以上的学生出现了"吃不饱"的学习状态。这几个指标说明现在的课堂教学的主流模式仍是以教师讲授为主，学生的参与性较差，一直处于"被听课"的状态，在课堂中对学习内容的掌握程度不佳，学生对现有教学方式的满意度较低。

（4）学生群体有着较为强烈的 SPOC 学习需求。研究者发现，对于面向对象程序设计课程而言，57.33% 的学生更喜欢课堂学习与网络学习相结合的方式，而选择单纯地听课（25.33%）或者网络自学（13.33%）的学生所占比例相对较少。关于学生对以 SPOC 教学模式开设《面向对象程序设计》课程教学的看法的调查结果显示，50.67% 的学生表示非常愿意，34.67% 的学生表示可以尝试，可见绝大部分学生（84.34%）对 SPOC 这种新型模式秉持接受的态度。关于学生 SPOC 在线学习需求，选择比例较高的是提高学习质量、接触优质的教学资源，以及更加灵活地选择学习时间。从这三个指标的结果来看，学生对 SPOC 的态度是积极的。对于在线学习与课堂学习的比例问题，大部分学生更喜欢课堂学习稍微多一些。这可能是因为学生在初次使用这种新型的学习模式时采用了保守的观点，也可能是因为他们认为课堂中与教师、其他同学面对面地学习能够达到更高级别的学习目标。

（二）基于 SPOC 教学模式的课程设计

通过前期对教学现状及学习需求的问卷调查，研究者发现在 2014 级教育技术专业本科生中开设《面向对象程序设计》SPOC 是有必要的且可行的。为此，研究者以 2014 级教育技术专业本科生为教学实践教学对象，以《面向对象程序设计》作为实践课程，进行了基于 SPOC 教学模式的教学设计。

1. 前端准备

《面向对象程序设计》作为教育技术专业的核心课程之一，将引领学生计算机编程的领域，对教育技术专业的学生从事软件开发类工作有着重要的意义。课程目标主要是在知识与技能维度，掌握 C++ 程序设计基础知识，提高用所学知识分析解决实际问题的能力，具备小程序设计开发的技能；在过程与方法上，通过系统地学习知识，参与真实案例的设计开发，掌握面向对象的程序设计方法；在情感态度与价值观上，形成面向对象的程序设计基本思想，培养建模思维与编程思维，增强多维度、新角度解决问题的创新意识，通过交流合作养成团队协作意识。

（1）学习者分析。开设的《面向对象程序设计》SPOC 课程面向的对象主要是本校中 2014 级教育技术专业的本科生，而本校其他专业的学生也可以根据自身需求申请学习。

①在学习动机上。第一，他们有较为强烈的求知欲和上进心，而且 C++ 作为一种基

础的编程语言，它的通用性很强，很多常见软件都是可以用 C++ 来编程，学生对这种实践性、实用性较强的课程有着较为浓厚的兴趣。第二，由于该门课程属于必修课，良好的课程成绩对学生获取学历学分、评优评奖都有着重要的意义。第三，他们以往的课程大多采用的是传统的教学模式，对这种新型的方式充满好奇。第四，使用 SPOC 在线课程能够帮助不能进入教室听课的学生不掉队，帮助在课堂中没有听懂课的学生二次学习等。因此，有着名师授课的、高交互的、贴合实践应用的、授予学分的 SPOC 教学能够激发他们的学习兴趣，促使他们能够在学习中保持决心和毅力而不中途放弃。

②在认知能力上。大学二年级学生的认知发展已经达到了成熟的水平，他们能够进行抽象的形式运算，这对培养学生编程思想非常重要。

③在学习准备上。通过前期调查发现，他们中的绝大部分能够自备上网设备，在前期学习中对计算机操作较为熟练，有一定的网络学习基础，这为开展 SPOC 教学创设了物力条件。

（2）教学内容的动态设计。

①在线课程资源的选择。研究者利用国内较为知名的 MOOC 平台、学堂在线等检索《面向对象程序设计》相关的课程资源。经过初步筛选，研究者初步确定两门可以用于本校 SPOC 教学的课程资源，分别是学堂在线平台上清华大学的郑莉教授团队讲授的《C++ 语言程序设计基础》课程、中国大学 MOOC 平台上西安交通大学赵英良教授团队讲授的《计算机程序设计（C++）》课程。研究团队从师资力量、教学方式、视频质量、教学内容安排等方面对这两门课程进行了对比分析，结果发现，学堂在线平台上开设的清华大学郑莉教授团队讲授的《C++ 语言程序设计基础》课程更具优势：第一，从师资力量看，清华大学自 1999 年开设这门课程以来，课程热度很高，即便清华校内学生能够选修到这门课程也非常不易，郑莉教授是国家级教学团队的骨干教师，主编这门课程的教材，因此这门课程的师资力量更具优势；第二，从教学视频质量看，郑丽教授的教学视频更具特色，主讲教师的形象包装、身体语言设计以及影视化的清晰精美画面都能够吸引学生的兴趣，课程栏目的片头、课件与教师讲解和谐搭配，极具视觉冲击的特效方式能够给学生不一样的学习体验；第三，在教学内容与教学方式上，郑莉的 MOOC 课程从引人入胜的素材、精心挑选的案例入手，辅以通俗易懂的讲解，而且通过实验设计等环节丰富了学习内容。

②在线课程资源与校园课程的整合。本课程采用了改造式教学资源设计方式。研究者在郑莉教师的 MOOC 课程基础上进行重难点筛选。同时在每节课程完成后，学生需要完成一份学习任务单的填写，研究者根据任务单反馈情况以及平台数据进行下一步教学资源的推送和教学活动的设计。以往，校园课程采用的是郑莉等人主编的《计算机程序设计（C++）》，根据这一教材的教学大纲，研究者将课程划分为 6 个主题，分别是绪论、简单程序设计（上）、简单程序设计（下）、函数、类与对象、数据的共享与保护。

在确定主题情况后，研究者根据教材的重难点以及学生的反馈设计了学习任务单，并将郑莉教师的 MOOC 视频切割为对应的知识点视频，并结合学生学习主题。

（3）在线学习环境的设计。

①虚拟学习环境——SPOC 平台的选取。为了实施 SPOC，研究者使用了 Moodle 平台，原因有以下三点：第一，受郑莉教师的 MOOC 开课时间限制，这门在线课程无法与校园课程紧密衔接，同时本校教师团队需要根据课程需求对内容进行筛选整合，挑选重点内容并增加补充性内容，所以 SPOC 教学平台无法使用现有的学堂在线 MOOC 平台，而是采用开源的 Moodle 平台。第二，Moodle 平台依据的是建构主义的教学思想，即教师和学生都是平等的主体，在教学活动中，双方相互协作，并根据已有的经验共同建构知识，这一理念符合 SPOC 教学模式的理念。第三，Moodle 是一款免费开源的平台，应用非常广泛，而且具有兼容性和易用性，功能强大，支持插件的使用，不仅能够实现定期开设视频、测验、讨论等基本课程活动，而且允许学生进行投票、同伴互评、邮件提醒，尤其是 Moodle 向教师全面地提供用户日志和跟踪，形象化地显示出学生的学习情况，为教师进行学习分析提供了支持。

②在线编程环境——浏览器编程。为了切实提高学生的编程技能、增加编程练习的频次以及及时将学生的作业反馈给教师，研究者在 Moodle 平台上嵌入了一个编程工具。这个用于编程练习的工具是研究者为 SPOC 配置的一个 Web 服务。该服务可以公开获得，能够提供在浏览器中编写和运行程序的基本功能，并提供及时的反馈，完成编程后学生可以通过该 Web 服务将程序作业便捷地提交给教师。这一工具的嵌入使 SPOC 的学生无须安装任何软件就可以在课程平台上进行编程技能训练。这个工具主要是为特殊主题设计的练习，如递归，教师提供给学生一个不完整的程序，由学生补充完整，或提供给学生一个错误的程序，由学生调试改正。对于每个编程练习，教师将上传一个程序代码模板和测试套件。学生在点击开题目后，页面上会有突出语法显示的代码编辑器，可以在教师的程序基础上编译和运行程序，同时有输出窗口，用于显示运行的结果。完成后，学生可以提交这个作业，教师能够对学生的作业做出点评。当然，学生在接受教师的点评后，仍然可以提交更好的编程方案，这一设置的目的是让每个学生寻找最好的解决办法，并促使他们之后能够审查自己提交的内容。

③游戏化激励机制的设计。激励学生学习每周的 SPOC 平台课程是非常重要的。如果只是要求他们参与，那么大多数学生可能不会去做，这是因为大学生有着繁忙的日程，不仅包括很多课程，而且也有着忙碌的社交生活。因此，为了激励学生做每周 SPOC 及其练习，研究者创设了基于勋章的游戏化激励机制。勋章作为激励学生在线学习而设置的虚拟奖励，共有两种不同的类型。第一种是论坛学习活动，当学生参与了某一主题的论坛活动，他将会获得一个系统颁发的论坛勋章作为奖励。第二种是编程作业，当学生完成并提交了编程作业，且教师在接收到作业后作出点评，对于完成情况比较好的学生，

教师可以手动颁发一个编程作业的勋章作为奖励。第三种是测验勋章，当学生完成每个测验中的成绩并达到一定的标准时，他将获得系统颁发的测验勋章。课程结束后，每个同学获得的勋章数量将会被公布，并计入课程考核成绩中。

2. 限制性准入条件的设计

虽然课程主要面向 2014 级教育技术学专业学生，但本校其他专业的学生也可以申请选学，申请的方式是向助教提交课程申请。由于研究团队第一次试用 SPOC 教学模式进行课程教学，相应的机制尚不完善，所以对非 2014 级教育技术专业的学生暂不支持学分授予。但是，所有选学课程的学生都能够参与课堂教学，并得到教师及助教的学习指导。

3. 线上线下的教学过程设计

（1）学生分组的设计，按照 SPOC 教学模式中学生分组的标准，课程分组需要参照基础学习水平和学习风格进行。第一，在学生的基础学习水平方面，学生在上一学期学过了 C 语言课程，而本学期的程序设计课程依托的是 C++ 语言，两者有很大的相似性，因此研究者并未进行学生的基础水平测验，而是依据学生在 C 语言课程的期末测验成绩作为分组依据开展 rs 型路线分组。第二，在学习风格方面，研究者依据 Felder-Silverman 学习风格测表编制了学习风格自测问卷，在 SPOC 平台上发布该问卷，完成学生学习风格的测定后初步分析出学生的学习风格，按照学习风格异质分组的原则，从学习风格角度对按照成绩分组的结果进行调整。

（2）每周期学习活动设计。按照本节构建的 SPOC 教学模式，每个周期内教师与学生开展学习的流程是相似的。本节介绍了具体的学习活动设计，在时间维度上分为三部分：周二至周四学生主要进行 SPOC 在线学习，该阶段主要是助教在线辅导学生的学习；周五是课堂授课时间，该阶段主要是教师引导学生进行问题解决、案例探究；周一是学生的机房实验练习课，该阶段主要是学生针对课堂讲授的案例进行编译练习，同时学生需要分组进行简单成绩管理系统的设计。

4. 多元教学评价的设计

为了促进学生对于在线内容的学习，研究者按照 SPOC 教学模式中形成性评价和总结性评价相结合的评价方式，将本门课程的成绩评定设置为三个部分：在线学习表现占 30%，课程项目设计报告占 20%，线下的期末考试占 50%。

具体而言，在在线学习中，学生的表现主要依靠学生获取的勋章来计算，勋章奖励反映了学生在测验、编程作业以及论坛上的表现。学生的在线成绩 = 测验勋章 ×1+ 论坛勋章 ×1+ 编程练习勋章 ×30，每个同学最多可得到 6 个论坛勋章、9 个测验勋章以及 5 个编程练习勋章，共计 30 分。

课程项目设计报告成绩是指在课程结束后，学生需要以小组为单位提交一个简单的学生成绩管理系统的设计报告，作品需要在班级内展示，采用自评、互评、师评三种评价结果求和的方式，计算出每个同学得到的成绩，最高分 20 分。

线下的期末考试成绩是指课程结束后学生要参加本课程的期末测验，采用闭卷形式进行考试，满分 100 分，折合后按 50 分算入总成绩。

（三）基于 SPOC 教学模式的课程实施

为了验证 SPOC 教学模式的可行性、有效性，研究者与授课教师在完成第一个主题的课程设计后，进行第一次的教学实践。之所以没有在完成整门课程设计后再进行教学实践，是因为本研究希望能够根据学生的反馈不断调整下一阶段的课程设计。

1. 研究假设

第一，相对于传统的教学模式，SPOC 教学模式在提高学生的参与性和互动性方面更具优势。

第二，相对于传统的教学模式，SPOC 教学模式能够显著地促进深度学习的发生。

第三，相对于传统的教学模式，SPOC 教学模式能够显著地提高学生的学习成绩。

第四，相对于传统的教学模式，SPOC 教学模式中的在线学习环节能够促进学生学习成绩的提高。

2. 课程实施

按照前期的课程设计，《面向对象程序设计》SPOC 主要面向的是本科二年级教育技术专业的学生。对于这门课程，事实上每一位在校生都可以报名申请，但是课程研究团队并未做过多的宣传，他们希望在第一次运营这种课程时将教学重点放在本校二年级教育技术专业学生身上。最终，课程中包括教师 1 人，助教 2 人，学生 82 名（本专业本科二年级学生 75 名，本校非教育技术专业二年级的学生 7 名）。研究者作为课程助教之一，在课程实施的 12 周内负责搭建与维护课程平台、辅助教师进行教学视频的剪辑与教学资源的上传、辅助教师对学生的在线学习进行辅导监督等。

在课程开始前，研究者举行了一场介绍性的讲座。目的在于：其一，向学生介绍平台的使用方式，并说明课程的精确结构以及整个课程团队；其二，简要介绍了第一个周期的 SPOC 内容，使学生能够根据教学目标顺利进入新模式的学习。

课程结束后，为了了解 SPOC 教学模式下学生以及教师的学与教的体验，研究者采用自制的学习情况及满意度调查问卷对参与课程学习的学生进行了调查，并对任课教师进行了访谈调查。

（四）基于 SPOC 教学模式的课程教学效果分析

为了了解学生在 SPOC 教学模式下的学习效果，研究者将从定量和定性两个方面展开应用效果的研究。定性分析包括在线学习环节学生学习行为的分析、学生期末测验成绩的分析以及学生学习情况满意度调查问卷的分析，定量分析是对任课教师访谈调查结果的分析。对在线学习环节学生的学习行为进行分析是为了了解学生是否能够真正使用SPOC提供的资源学习，学生的参与性以及师生的交互性是否得到了提高，学生在线学习达到了哪种程度；对于学习成绩的分析，是为了探究与以往本门课程的教学模式相比，SPOC教学模式能否促进学生学习成绩的提升；对于学生满意度调查问卷的分析是为了了解学生在这一模式下的体验及态度；对教师的访谈调查是为了了解从教学的角度看，教师对于SPOC教学模式的态度，明确存在的问题，为调整教学模式奠定基础。

1. 在线学习行为分析

SPOC平台强大的数据记录功能能够将学生登录平台进行的视频观看、测验、论坛互动、在线编程等行为都详细地记录下来。为了获取学生的学习数据，研究者采用Phpmyadmin工具实现对Moodle平台数据库内数据的访问与提取。选取了自2017年10月19日至2018年1月11日为其12周的教师和学生在平台上产生的数据作为研究对象。研究者将数据分析归为两类：一是基本行为分析，包括对学生各模块的访问情况、平台访问时间的分析，用以了解学生是否参与了SPOC学习以及参与情况。第二类是论坛互动行为分析，通过分析学生论坛交流的情况，了解学生与学生之间、学生与教师之间的交互情况以及学生交流讨论的深度情况。

2. 课程成绩对比分析

在这一小节，研究的主要目的有两个。其一是了解学生在SPOC教学模式下的考试成绩与传统教学模式下的考试成绩是否有显著差异。由于非14级教育技术学专业的学生并未参与线下的期末测验，难故以与前期的学习结果进行比较，因此研究者将重点放在了14级教育技术学专业学生的身上。研究者将教育技术学专业上年同期课程的期末测验成绩（2016级学生）与本研究中学生的期末成绩（2017级学生）进行了对比分析。其二是了解学生的期末测验成绩与在线学习中任务学习单、视频、测验、编程练习或者论坛等资源的访问频次是否具有相关性。研究者对每个学生的期末测验成绩与该学生这几个学习资源的频次数据进行了相关分析。

为了实现以上两个目的，在课程结束后，任课教师设计了测验试题。该测验试题的题型与题目难度与上年同期本课程的期末测验试题相差不大，研究者于2016年1月4日组织学生进行了一次测验，以此作为本研究中学生的期末成绩。在《面向对象程序设计》课程中，上年同期课程的期末考试成绩与本研究中学生的期末成绩具有可比性，其原因有四点：第一，从考试试题的角度看，本研究中学生考试与上年同期的考试题目难度一致；第二，从学生的角度看，虽然两届学生在人数以及个人情况等方面发生了变化，但是从整体看，两届学生群体的学习成绩并无明心差异，因此学生在学习《面向对象程序设计》课程前的整体知识技能水平并没有显著的差距；第三，两届学生的授课教师均为同一教师，排除了因为教师的不同而产生的干扰因素；第四，两门课程的开课时间是相差无几的，均为 4 个月，期末考试均为 1 月中旬左右。从这四个角度看，通过对比上一届学生的课程期末测验成绩与本课程学生的期末测验成绩，能够反映出 SPOC 教学模式是否具有显著的教学效果。

3.学生学习情况及满意度调查与分析

为了对比学生在传统教学模式与 SPOC 教学模式下的学习情况及其学习满意度，研究者在课程结束后面向学生展开了问卷调查。

（1）研究工具与方法。依据党盛红等人构建的教学满意度指标模型，结合 SPOC 教学模式本身的特点以及调查目的，研究者设计了 SPOC 学习情况及满意度调查问卷，问卷共包括四部分：第一部分是 SPOC 在线学习的基本情况及满意度，共计 X 个选择题；第二部分是课堂学习的基本情况及满意度，共计 5 个选择题；第三部分是课程整体学习情况及教学模式满意度，共计 8 个选择题，这一部分的 8 个指标题目与前测需求分析问卷中课程教学现状及满意度部分的指标题目一致；第四部分是意见与建议，包含一个开放性问答题，问卷调查对象为本课程的 75 名本科二年级教育技术专业的学生，发放时间为课程结束时，问卷方式为电子问卷。共发放问卷 75 份，回收 75 份，有效问卷 75 份，行效率为 100%。为了便于研究统计分析，研究者将"非常满意""比较满意""一般""不满意""非常不满意"五个选项对应为数值 5、4、3、2、1，并使用 Excel 和 SPOC 统计分析软件数据结果进行了整理与分析。

（2）数据分析结果。

①在线学习基本情况及满意度。总体而言，学生对于 SPOC 在线学习环节的满意度是比较高的。89% 的学生认为 SPOC 平台能够为他们提供充足的学习资源，这与前期调查中 60% 的学生认为课程学习中缺乏优质教学资源而无法满足学习需求形成较为鲜明的对比。课程的质量被认为是比较高的（均值为 3.92），首次使用这种学习模式，学生感到比较兴奋（均值为 3.99），这可能与他们首次接触清华大学名师的课程有关。然而，出乎研究者意料的是，尽管教师已经在在线学习中增加了教师答疑的环节，但是学生对于教师在线辅导的满意度却不是很高（均值为 3.21），这意味着学生可能希望得到更多来自教师的在线辅导。

②课堂学习基本情况及满意度。总体而言，课堂学习环节学生的满意度是比较高的（均值为 3.93）。大部分学生对于项目编程（均值为 4.01）和课堂师生的互动方式（均值为 4.08）比较满意，但是学生对于小组合作的满意度却稍低（均值为 3.26）。研究者认为，对于七八十人的班级来说，学生分组时可能会出现分组人数过大的情况，当每个小组中的人数较多时，可能会出现更多的矛盾、分歧或者不公平等现象，因此学生的满意度有可能会下降，这也正是 SPOC 分组中应当考虑到的问题，

③课程整体学习情况及教学模式满意度。为了调查学生在以往的教学模式和 SPOC

教学模式之间的学习体验差异以及满意度差异，研究者对该部分的调查结果与前测问卷中"课程学习情况及满意度部分"进行了卡方检验（两者指标题目相同）。

4.教师访谈调查与分析

在课程结束后，研究者采用自编的访谈提纲对授课教师进行了访谈，并了解他们在使用这一教学模式过程中存在的问题以及对这一模式优劣势的看法，为后期修正模式提供支持，也为其他教师开展 SPOC 教学提供借鉴。访谈后，研究者对访谈结果进行了整理分析。结果表明，教师的反馈是积极的，SPOC 模式能够促进教师的"教"与学生的"学"。

（1）SPOC 教学模式的实践效果是令人满意的。

第一，SPOC 促进了学生的"学"，体现在学生参与性的提高、学习兴趣的增加等方面。把清华大学郑莉教师的 MOOC 引入我们自己的课程中来，能够感受到它对于学生有着很大的吸引力，相较于使用自己录制的视频课程，学生应该会更喜欢前者。在课程的运行中，学生可以给教师一些非正式的积极反馈，虽然一开始使用时觉得麻烦，但是随着课程的深入开展，他们会慢慢习惯并且觉得有这样一个平台很方便。在课堂学习中，学生"有机会发言，有言可发"，参与性也就增强了。

第二，SPOC 教学模式提高了教师的教学积极性，促进了教师的"教"。SPOC 教学既是一种挑战，又是一种享受。之所以称之为挑战，是因为教师把基本知识点学习放在了课下，而课上的学习就需要教师能够有创造性，如果沿用以往的灌输式教学方法，学生恐怕就不会再选择来教室上课了。当然，挑战还体现在每节课的教学设计都要依据学生的反馈来做，教学计划处于动态变化之中，每个单元的内容设计都需要根据学生上一单元学习的情况进行。之所以称 SPOC 教学是一种享受，是因为它让教师这个要素"活泼"起来。在以往的课程中，教师站在讲台上滔滔不绝地讲，而台下的学生在玩手机、睡觉，学生的反应是消极的，教师的积极性也就大大降低了。但在 SPOC 中，很多同学会向教师抛出问题，而教师也乐于解决学生提出的问题，这不仅帮助了学生，也显示出了教师的价值。

（2）SPOC 教学模式的优势是多方面的。

首先，短小的、模块化的、名师的"讲座"让学生更加有学习兴趣，学习也更加集中。在 SPOC 中，教师所引入的课程质量是比较高的，使用清华大学的课程材料使学生的学习兴趣大大增加。

其次，SPOC 允许 MOOC 材料扮演与教科书相同的角色服务于学生。例如，为课堂学习提供更多从事创造性活动的时间、数据分析使教师更了解学生。SPOC 模式能够通过课程材料的精简版本而很好地支持传统的课程，这种材料是课程的骨干，因此能够为课堂提供更多时间来进行更富有创造性的活动，如课堂的问答环节，或者需要亲自参加的一些特殊实验等。除这一点外，SPOC 还可以允许教师收集学生练习的数据，一般情况下，教师收集分析的数据越多，教师就越了解学生如何学习，这对于成为更好的教师来讲是一件好事。

最后，SPOC模式精确地应对MOOC中存在的认证问题。通过SPOC，学生报名参加一门课程，然后获得相应学分，即使这种课程使用了MOOC，也不是MOOC本身获得了学分。对于高校而言，评估和认证的权利保留在教师和学校手中是非常重要的。

（3）教师观念的改变是SPOC教学模式未来发展中面临的一个重要挑战。SPOC模式在高校的发展中，最主要的问题可能就是教师接受新技术与新思想是比较困难的。就SPOC模式要求教师提高自己的教学质量，使课堂中的活动变得更有价值、更具挑战性，而这无疑要求他们必须变得更有创新性。

在SPOC教学实践后，研究者在四个方面展开了教学效果的探究：学生在线学习行为分析、课程成绩对比分析、学生满意度调查分析以及教师访谈调查分析，并得出了以下研究结论。

第一，SPOC教学模式在高校本科教学的编程语言类课程中具有可行性。从教学的前段准备到最终成绩的评定，教师并没有反映自己有过多的教学负担，而且绝大部分学生坚持完成所有内容的学习。SPOC教学实践的顺利开展说明，至少在高等学校的本科编程类课程中，SPOC教学模式是具有可行性的。

第二，SPOC教学模式能够促进MOOC优质资源在高校校园中的应用。从前期的调查问卷结果分析，到教学实践中学生对于SPOC教学视频等元素的高频度点播，再到最后学生满意度调查结果分析，可以发现学生对于名校名师的MOOC课程有着较高的兴趣。对教师而言，将一门MOOC转化为自己的SPOC，并非如自己开设一门MOOC课程那样具有难度，一名教师与一名助教的合作就能完成MOOC资源与现有校园课程的整合。因此，对于教师而言，通过SPOC将优质的MOOC引入校园课程中是值得一试的。

第三，SPOC教学模式能够有效地提高学生的参与程度、交互程度，促进深度学习的发生。通过对论坛中学生的发帖进行社会网络分析，研究者发现学生的在线交互是比较积极的，同时，学生问卷的反馈体现出SPOC模式下学生的参与性有着显著的提高，以往仅有24%的学生积极参与到课堂学习活动中，但是在SPOC模式下，这个数据提高到了44%，由此形成了明显的对比。再者，从以往简单的学习书本知识到现在使用所学知识去开发项目，从简单虚拟情景到复杂的现实情景，学生的学习活动不仅包含在线知识的学习，更重要的是聚焦于思考活动，他们不仅需要学习知识，更重要的是迁移应用反思所学的知识，这也正是深度学习的体现。

第四，SPOC教学模式显著地提高了学生的学习成绩。研究者将课程结束后的测验成绩与上年同期学生的成绩对比发现，采用SPOC教学模式后，学生平均成绩有了显著提高。这表明，SPOC能够显著地提高学生的知识掌握水平，提高学习成绩。

第五，SPOC 教学模式的评价机制更能够体现出学生的真实水平。研究者通过问卷结果分析发现，相对于传统的期末测验考核方式，学生更倾向于 SPOC 模式中多元化的评价方式，他们认为这样能够更加真实地反映出他们的学习情况。

第六，SPOC 教学模式中的在线学习环节能够有效地促进学生学习成绩的提高，研究者将学生的测验成绩与在线学习中各模块的访问量进行了相关分析，结果发现，学生的测验成绩与在线学习中视频模块、测验模块访问量呈显著的正相关。可见，在线学习环节的设计能够有效促进学生学习成绩的提高。

五、实践中的问题与模式的改进

对构建的 SPOC 教学模式开展实践研究，通过对在线学习数据、学生问卷数据、教师访谈资料的分析，并结合研究者在为期 12 周的实践研究中的体验与反思，总结出该模式中存在的问题，并据此对教学模式做出修正。

（一）SPOC 数学模式实践中存在的问题

1. 限制条件的增多

通过 12 周的课程实践，研究者发现 SPOC 教学模式在实施过程中除基本的人力、物力、动力条件外，还需要具备四项条件。第一，对教师素质的要求较高，教师要善于使用新技术，乐于接受教学挑战。第二，学习者必须有一定的计算机操作水平，并具备一定的自我约束能力。第三，详细的平台介绍是必不可少的，学生在一开始学习时会觉得学习一个平台的使用比较麻烦，所以教师需要详细地向学生介绍平台的使用方法。第四，减少无关因素的干扰。

2. 教师工作量的加重

SPOC 教学模式不同于传统的高校课程教学模式，以往一位教师担任一门课程的教学，基本上不需要其他教师或者助教的协助。但是 SPOC 模式的开展一般需要多位教师或者一位教师与多位助教的合作，如果仅凭一位教师完成 SPOC 的设计与实施，可能会产生工作量过重的问题，在这种教学模式中，教师不仅要动态地完成在线课程的设计、课程平台的维护，还要精心准备课堂学习内容，这样的工作量必然大于以往课堂讲授式的授课方式。因此，多位教师合作或者"教师＋助教"的组合更加适合使用 SPOC 教学模式开展教学，明确的分工与合作不仅能够降低教学压力，还能够使学生受益更多。

3. 论坛交流缺乏教师的引导

经过 12 周的教学实践研究者发现，学生在线学习的积极性是较高的，但是在论坛学习中并没有形成紧密的团体关系，论坛中信息的流动性仍有待提高。产生这一问题的原因可能在于教师对于学生的引导不足，论坛中教师主要是进行答疑解惑，很少提出可供学生深入挖掘的话题引发学生的深度讨论，然而学生在虚拟环境中的学习需要教师的步步引导才能逐步深入。

4.SPOC 在线学习与课堂学习的比例问题

课程结束后的调查问卷结果显示，学生认为 SPOC 教学模式下自己投入的学习时间明显增加了，这意味着学生的学习压力有可能增大。传统的校园课程以 SPOC 模式开展时，如果不能够合理地规划在线学习时长与课堂教学时长的比例，便有可能加重学生的学习负担。例如，以往 72 个学时的课程，教师使用 SPOC 模式来开展教学，在课堂教学仍为 72 学时的基础上将大幅度增加线上学习的内容，那么就有可能使学生"忙不过来"。

5.组内学生人数的问题

从学生的问卷反馈看，他们对于小组合作的满意度并未达到研究者的预期值。出现这一现象的原因可能是由于实践中学生分组时每个小组人数过多，当人数过多时就更容易出现意见分歧、贡献不平等问题。

（二）SPOC 教学模式的改进

针对 SPOC 教学模式实践中存在的问题，并结合其本身的功能目标，研究者提出以下改进方案。

第一，丰富 SPOC 教学模式的实现条件。研究者从物理条件、人力条件和动力条件三个方面阐述了 SPOC 教学模式的实现条件。但是，为了应对实践中存在的很多限制条件增多的问题，研究者认为"人力条件"方面应当增加以下两个要求：一是教师要善于使用新技术，乐于接受教学挑战；二是学习者必须有一定的计算机操作水平，并具备一定的自主学习能力。

第二，为了应对单个教师开展 SPOC 教学有可能会产生工作负担过重的问题，研究者将 SPOC 教学模式中的"教师"调整为"教师团队"，这里的"教师团队"可以是小型的也可以是大型的，可以是一名教师与多名助教的组合，也可以是多名教师的组合。

第三，为了解决学生在线论坛中信息流通性不高的问题，研究者将 SPOC 教学模式中教学过程组织阶段的教师在论坛中的角色活动由"论坛解疑"改为"论坛解疑与引导"。这就要求教师不仅要及时解决学生在论坛中提出的问题，还要发挥引导作用，通过抛出问题的形式将学生的讨论引向更深层次。

第四，为了解决 SPOC 在线学习与课堂学习比例设置引起的学生学习负担过重的问题，研究者认为在具体的实践过程中，教师应当合理安排线上教学与课堂教学的比例，并在必要时适当地减少课堂教学时数。

第五，为了解决学生分组问题，研究者认为在根据学生学习基础和学习风格进行分组时，应尽量减少每组成员的人数，这样有利于学生深度地探究。

在线学习与校园课堂学习彼此无法取代，融合是最好的出路。SPOC 的融合理念正欲实现这一愿景，本研究在梳理前人研究的基础上，探析了高校采用 SPOC 教学模式的需求，并尝试构建出实施 SPOC 教学的基本模式，经过实践验证，这一模式具有可行性与有效性。然而，本研究只能算是一个开端与尝试，今后的研究分别在以下几点继续深入：一是 SPOC 实证研究将进一步深化，SPOC 教学效果将逐步得到更多的实践验证；二是 SPOC 教学模式的配套教学服务体系将不断得到丰富；三是研究逐步细化，如深入探索解决 SPOC 在线学习中的诚信问题的有效方法、探究线上与线下教学的比例、研制教师工作量的考评机制等，希望更多有志于 SPOC 研究和高校教学改革的专家加入到 SPOC 的理论探索与实践教学中来，促进这一教学模式不断发展与完善。

第七章　计算思维导向MOOC+SPOC混合教学模式在计算机课程中的应用

通过实践分析和理论探讨，SPOC教学模式是"联网＋教育"环境下高职教学改革的大势所趋，基于"MOOC+SPOC"的翻转课堂教学模式是面对面课堂教学模式和SPOC线上学习模式的融合创新。教学模式的构建是演绎法与归纳法的结合。演绎法在教学模式构建中主要体现在理论假设的提出上，笔者依据构建主义学习理论、混合学习理论、关联主义学习理论提出模式构建的切入点；归纳法体现在分析、归纳已有MOOC模式和SPOC教学模式的基础上，结合理论假设，完成对基于"MOOC+SPOC"的翻转课堂教学模式的构建。本章主要研究MOOC+SPOC混合教学模式的计算机基础课程应用。

第一节　MOOC+SPOC在翻转课堂的教学应用

一、MOOC+SPOC翻转课堂教学模式构建

一个完整的教学过程包含着一系列具体的环节，一般可概括为以下三个基本环节：教学准备、教学实施和评价反思。这三个环节是一个统一的整体，其中任何一个步骤出现差错，都会影响教学的效果。而该教学模式也是基于这三个环节构建的，主要由三部分构成：第一部分为开课前的教学准备，包括前端分析和资源设计，其中学习者、学习目标、学习内容及学习环境的分析对后续教学资源的设计有着较强的指导作用。第二部分为教学活动的实施过程，分为课前、课堂和课后三个阶段，学生课前在SPOC平台进行自主学习，积极参与讨论，阅读参考教材和其他相关学习材料，完成知识的学习。课堂上教师进行课程的重点内容分析讲解，解决学生学习中存在的问题；学生参与小组讨论，展示小组或个人实验作品，完成知识的内化。课后复习，完成教师布置的作业和单元测试，进行知识的巩固。第三部分为教学评价，将线上学习、线下学习结合，形成性评价、总结性评价结合，并从多方面对教学效果进行测评。

（一）课前的教学准备

1.前端分析

（1）学习者分析。在现代教育模式下，学校应提倡"以教师为主导、以学生为主体"

的教育模式。因此，在进行翻转课堂学习前，要了解学生的具体情况，设计适合学生学习的课堂教学模式。学界普遍认为，学习者分析主要包括分析学习者预备知识、学习特征和学习风格三个方面。学习者预备知识是指学习者在目前状态下所掌握的相关知识和技能，以及对课程内容的了解程度、认知偏好等；学习特征是指学习者的生理、心理特征，如年龄段、个性差异等；学习风格是指学习者学习知识和技能时能接受或偏爱的教学方法，以及自主学习的学习风格等。学习者作为学习活动的主体，具有的情感、认知和社会等特征都会对学习过程产生影响，对学习者特征进行分析，有针对性地进行教学设计，可以有效促进学习者的学习。

（2）学习目标分析。根据各专业的人才培养计划，结合教学大纲进行具体学习目标设计，是确保教学质量不可或缺的环节。在实施 SPOC 课程中，首先要根据教学大纲设计总体教学目标，再结合总目标设计每个单元或每节具体的小目标，最后通过这样的逐层分解以确保教学目标的达成。

（3）学习内容分析。学习者的学习内容庞杂，所学知识涵盖面广，因此教师要针对具体的学习内容进行具体分析，对每部分的学习内容进行前期梳理，找到适合的教学方法，如有的内容适合线上自学，有的适合课堂讲授或者集体讨论，有的适合翻转课堂教学，有的适合混合式教学。只有不同的教学内容采用相匹配的教学方法，才能起到事半功倍的效果，从而更有效地促使教学目标的顺利完成。

（4）学习环境分析。学习环境作为学习活动开展不可或缺的条件，在很大程度上影响着学习效果，对基于"MOOC+SPOC"的教学也是如此。学习环境一般可分为线上学习环境和线下学习环境，线上学习环境最主要的是 MOOC 和 SPOC 学习平台，要从教师和学生两个角度来分析。对于教师来说，平台要简单易学，操作方便，且能够有效支持教学活动。对于学生来说，平台功能、交互设计要能满足学习的需求。此外，在学习资源方面，平台要可以快速上传视频、PPT 课件、文献、富文本、软件等类型的资源，同时流畅播放及浏览；在交互支持方面，师生之间、生生之间要可以实现有效及时的交互，同时学生和学习资源之间要能无障碍交互；在功能性支持方面，平台应该有对测试及作业的自动评分功能，可以对学习行为进行记录及监控，同时根据学生的学习进度发送消息或邮件提示在截止日期前完成相关学习任务。线下学习环境要提供学生开展小组讨论、协作学习和探究性学习的教室，同时还要有供学生开展线上学习和实验的计算机教室。现阶段，使用移动设备学习的学生越来越多，所以校园无线网络的覆盖面越大对移动学习的支持也就越好。

2.资源设计

（1）选择优质 MOOCQ 随着 MOOC 在国内外的快速发展，MOOC 课程不仅在数量上越来越多，而且在课程设计、制作、互动机制等方面越来越完备。面对如此丰富的MOOC 课程库，教师一定要从多方面考虑。首先，从课程方面分析，包括课程的主要学习者是否需要预备知识、课程的教学目标及内容体系、教师的授课风格等。其次，从本校教学规划方面分析，包括学校制订的人才培养计划、本课程的教学目标、安排的课时、本校学生的知识储备及认知水平。综合以上因素，如果选择的课程授课内容过于深奥，学生学起来就会困难重重，也需要更多的时间和精力投入。此外，课程的选择也要考虑学生对课程内容的喜好程度。MOOC课程的学习对学生的自控力和主动性要求较高，如果学生对课程内容失去兴趣，不能按照进度完成线上学习，那么在课堂讨论中就会处于被动地位，致使学习效果大打折扣。基于"MOOC+SPOC"的翻转课堂教学模式最大的优势在于通过MOOC资源的引入，大大降低了混合式学习的难度，但却能够享受混合式学习带来的诸多好处。

（2）线上资源设计。线上资源主要包括短视频、PPT课件、相关文档、补充资料和扩展资料。教师将课程内容分割成各个小的知识点，然后将每个知识点制作成短视频，以利于学生对于不太理解的知识可以反复观看视频，直到自己掌握为止；同时短视频能让学生注意力集中，避免了长时间学习产生厌倦及疲劳。上传的补充资料、扩展资料可以满足不同学生的学习需求，学习能力强、学习速度快的学生学得更多，学习慢的也能跟上课程进度，同时学有余力的学生还可以进行更深入的探究。此外，线上资源还有课程讨论主题和在线测试、考试，设置必要的讨论题有助于学生独立能力及沟通能力的提升，而在线测试、考试则是督促学生学习的手段，也是检验学习效果的方式。

（3）线下资源设计。线下资源主要有参考教材和实验设计，参考教材作为线上学习的补充，教材中会含有与视频中不同的知识点，对该课程感兴趣的学生可以拓展知识面、增长见识，为以后的学习打下坚实基础。实验设计的主要目的是让学生学以致用，在实验中加深知识的理解，这也是对学生实践能力的锻炼。

（4）教学设计。根据前端分析和学习资源的设计，我们需要对具体的教学活动做出设计，按照课程内容确定本学期该课程的总课时，然后对课时和教学内容做整体规划。比如，线上多少个课时，每个课时需要上传哪些具体学习资源，学生完成哪些学习任务；线下多少个课时，需要准备哪些线下资源，每课堂的教学环节及教学任务。可以说，合理的教学设计是教学活动有条不紊实施的前提和重要保证。

（二）教学活动的实施

1.课前自主学习

课前教师在SPOC平台课程主页发布课程相关信息，包括课程概述、课时、授课教师、课程开始结束时间、课程内容更新周期、单元测试截止日期、课程考核方式和评分标准、预备知识、教学单元内容、各章节的知识点。学生通过浏览课程公告，选择要学习的课程，符合准入性条件，就可以选修该课程。教师会在开课前一周或者更早上传本周的学习资源，一般有短视频（含讲间练习）、PPT课件、参考文档、网站、讨论主题等。学生根据自己每天的课程和时间安排，自由选择时间和地点，以自己的习惯和喜欢的学习方式学习。由于移动设备的智能化和便携性，无线网络在校园覆盖范围越来越大，移动学习成了学生学习的主要方式，致使学习地点不限在教室、自习室、图书馆等，而在食堂、户外也可以学习。在学习过程中，学生遇到问题可随时通过讨论区向教师和同伴求助。在这个过程中，同学们不仅获得问题的答案，增强了思辨能力，而且教师也可以从中收获知识。学生除参与教师在课堂交流区设置的讨论主题外，还可以就自己的学习技巧、经验、困惑与伙伴们分享、交流，这种情感上的交流增强了论坛的活跃度，提高了学生学习的积极性和热情。

2. 课堂翻转教学

课堂是内化知识的阶段，是以学生为中心、以探究为驱动的学习，学生要养成探索、创新的习惯。课堂翻转教学主要包括以下几个环节。

（1）师生交流，互动答疑。教师针对学生在论坛反映较多的问题和学生一起探讨，然后对探讨的结果做出总结，这种交流拉近了学生与学生之间、学生与教师之间的距离。

（2）小组讨论。将班级学生分成小组，针对章节中的重难点内容设置问题，然后学生们以小组的形式就此问题展开讨论，最后教师做进一步的讲解和知识的总结。

（3）个别辅导。对于学习进度较慢或者学起来较困难的学生，教师要做好个别辅导，帮助他们树立自信心。同学们还可以就课前学习、作业或者实验过程中没有解答的问题向教师提问。

（4）成果展示。课堂上对于实验作业进行成果展示，同学们通过自评、互评给出成绩，教师对作业中出现的问题给予指导并对优秀的作业进行表扬和鼓励。

3. 课后巩固练习

课后学生根据课堂的讲解和讨论及时复习，查缺补漏。同时，在线完成单元作业和单元测试，巩固知识，检验学习效果。课后的实验作业可以单独完成，也可以通过小组协作的方式完成。在完成作业、测试、实验过程中遇到难题时，学生要积极与同伴互相探讨。

（三）教学评价

该模式下的教学评价采用多元化的评价方式，一改传统"期末考试＋作业成绩"的考核方式，始终将评价贯穿于整个学习过程中。线上以观看视频、参与讨论、完成测试、提交作业的各项指标为考核依据，线下以课堂交流、实验作业、小组协作的各项指标为考核依据，同时结合系统自评与学生互评，将过程性评价与总结性评价有机统一起来。

二、MOOC+SPOC 翻转课堂的教学应用分析

《大学计算机基础》课程是面向大学一年级学生开设的计算机通识类课程，作为大

学的第一门计算机基础课程，对学生掌握计算机科学的基础知识，培养学生的信息素养及计算思维能力有着极为重要的作用。然而，该课程在现实中却不受重视，实际教学中也存在着诸多问题，如学生基础参差不齐、课时少课程量大、课程内容陈旧等。考虑到以上问题，研究者初步确定该课程作为"MOOC+SPOC"环境下翻转课堂模式教学的试点课程。根据课程教学需求，研究者在与授课教师的合作下依据构建的翻转课堂教学模式对这门课程进行了重构、设计，并完成了为期14周的实证研究。

（一）前端分析

1.学习者分析

大学计算机课程是全校通识课，所以该SPOC课程是面向所有陇东学院2016级本科新生开设的。据统计，该校2016级新生共有3000多人，分为82个教学班，含60个专业，按照专业又可分为文史、理工和医学三大类别。在开展"MOOC+SPOC"环境下的翻转课堂教学前，研究者按照以上三类抽取部分学生进行了问卷调查，主要了解学生对网络、计算机和移动设备的使用，对大学计算机这门课程的认识，对MOOC、SPOC等近年来涌现的在线教育模式的了解，以及更倾向于使用的学习方式等情况。

通过对调查数据的分析，研究者得出绝大多数学生拥有移动设备（智能手机、平板电脑等），部分学生拥有自己的计算机。对于手机的使用，排第一位的是及时通信功能，此外学生都有使用这些设备进行网络学习的经历。对于计算机的使用，大多数学生表示对计算机较为陌生，并且希望通过该课程的学习可以掌握计算机的应用，学会通过网络获取更多学习资源。由于在高中阶段大多数课堂都是灌输式的教学，所以他们更想尝试新的学习方式。

2.学习目标分析

本教学案例的实践课程是《大学计算机基础》，该课程是大学计算机教学的第一门课程。根据该校2016年本科人才培养方案的规定，"本科生计算机能力培养目标是通过计算机基础课程的学习，培养学生的信息素养、计算思维能力和实践创新能力，使学生能够熟练掌握常用应用软件，并至少会使用一门程序设计语言编写专业学习和工作所需的小型程序，本科生在读期间，一般可根据培养方案选修1~2个学分的计算机应用基础课程和两个学分的程序设计基础或数据库基础课程"，结合学生的实际需求，课程组制定了教学大纲。根据教学大纲将该门课程的学习目标设定为：掌握Windows 10操作系统及Office办公软件的基本操作，培养学生的信息素养、计算思维能力和实践创新能力。

3.学习内容分析

教师结合学习目标，根据学习者特征和学科特点，合理设计本课程的学习内容。

表7-1 《大学计算机基础》课程章节学习内容

	主要内容
第一章 计算机基础知识	计算机硬件系统和软件系统；数制与编码；计算思维
第二章 操作系统	操作系统概述；Windows10基本操作；Windows10文件管理；Windows10个性化设置；Windows10常用附件
第三章 OFFICE办公软件应用	Excel电子表格应用；Word文档制作与处理；PowerPoint幻灯片制作
第四章 算法与程序设计	算法；程序设计基础；数据结构
第五章 数据管理	结构化查询语言SQL；数据挖掘数据库系统；关系数据库管理系统；IE浏览器的使用；电子邮件；信息检索；计算机网络
第六章 网络与Internet应用	基础知识；Internet应用；连接和使用网络；计算机信息系统安全
第七章 多媒体技术应用	图像处理；音频处理；图形绘制；视频处理；多媒体技术基础

4.学习环境分析

（1）在线学习平台。中国大学MOOC平台是网易与高等教育出版社携手推出的在线教育平台，其学校云板块以云计算的方式给高职提供了SPOC教学的支持环境。之所以选择中国大学MOOC学校云作为课程开设与实施的平台，与其自身的众多优势密切相关。一方面，该平台上有大量优秀的MOOC课程。该平台上开设的MOOC课程超过700门，包括计算机、经济管理、心理学、外语、文学历史、艺术设计、工学、理学、生命科学、哲学、法学、教育教学、大学选修课、职业教育等类别，与之合作的高职、企业、机构共计100所，其中985高职所占比例高于75%，211高职高于52%，此外还有台湾地区的台湾云林科技大学，目前高职的数量还在不断增加。与之合作的企业有高等教育研究所、微软亚洲研究院、爱课程等，还有图书馆（学）在线课程联盟、全国高等学校学生信息咨询与就业指导中心、全国大学生数学建模竞赛组织委员会等机构；另一方面，学校云服务是面向全国高职开放的，每个高职都能拥有专属自己的在线教育平台，更重要的是学校云服务可以与中国大学MOOC在课程资源和教学过程中实现无缝衔接，同时支持将SPOC课程转换成MOOC课程，这给高职MOOC和SPOC的建设以及课程教学提供了很大的便利。

（2）校园环境分析。随着信息化校园的建设，该校基本实现了教学数字化、管理数字化、生活数字化，为推进"互联网＋教育"建立了较为完善的信息化支撑体系，奠定了坚实的基础，同时为教师实施线上线下混合式教学提供了有利的条件。为推进MOOC课程的建设，学校投资建设专门用于MOOC制作的录播教室，此外对部分传统教室进行了改造，将条形桌椅更换为圆形桌椅，能够很好地适应翻转课堂教学条件的要求，满足了学生开展小组讨论和协作学习的需求。伴随着学校数字化校园、校园一卡通和无线校园网等三大信息化建设项目的相继开通运行，充分满足了学生随时随地、随心所欲在线学习的需求。

学校通过搭建教学质量监控信息化平台，确立了开放的管理服务模式，建立以质量控制为核心的管理机制，使传统的教学质量监控向数字化、无纸化、智能化、综合化及多元化方向发展，真正促进教育教学质量的提高。此外，依托校园一卡通和校园安防系统，学校在各学院计算机实验室安装门禁系统和监控系统，面向在校学生全面开放计算机实验室，满足了学生在线学习和课余实践的需要。

（二）资源设计

1. 选择优质慕课

在中国大学 MOOC 平台上，开设的大学计算机基础类课程有同济大学杨志强教授主讲的《大学计算机》、哈尔滨工业大学战德臣教授主讲的《大学计算机——计算思维导论》、北京理工大学李凤霞教授主讲的《大学计算机》、北京交通大学王移芝教授主讲的《大学计算机——计算思维之路》等。课程组按照学校制定的 2016 年本科人才培养方案确定的课程体系，结合上述课程的内容结构，最后选定哈尔滨工业大学战德臣教授主讲的《大学计算机——计算思维导论》作为我校 SPOC 课程的来源。该课程，从 2014 年 5 月第一次开课到 2018 年 1 月，在中国大学 MOOC 平台上已经完整开课 7 次，深受全国各地广大师生的喜欢，获得了一致的好评。

2. 线上资源设计

在学校云服务平台上，教学资源可分为视频、文档、富文本、随堂测验、随堂讨论、单元测验、单元作业和考试等类别。《大学计算机——计算思维导论》原课程共含有 13 讲内容，每讲大约 2 个小时，我们根据学时分配和章节顺序，在该课程的基础上，通过向哈尔滨工业大学战德臣教授申请授权，选取部分教学视频用作 SPOC 课程的某些知识点的视频，同时经过课程组精心准备，录制和制作了适合本校学生学习的短视频 35 个，通过对这些视频顺序的调整和重新组合，共同构成了具有本校特色的《大学计算机基础》课程的完整知识体系，此外，课程组还制作了文档、测试、讨论、考试等线上资源。

3. 线下资源设计

线下资源主要是教师为学生提供的作为线上资源补充的扩展资源，包括课上关于课程重难点的讨论，需要分享的优秀案例、参考教材、实验题以及实验课上可能用到的实验材料和相关教学工具等。

4. 教学设计

对教学资源经过精心设计后，课程组根据学习内容及学习资源对教学活动也进行了详细的设计，如对于计算思维含义的理解等知识点运用翻转课堂的教学法更有利于学生的掌握，对于计算思维在学习和生活中的应用等知识点进行面对面的讨论更有利于学生了解，适合课堂讲解和小组讨论的课程内容安排在专门开展翻转课堂的教室里，适合学生们动手操作和教师演示教学的安排在计算机实验室等，对于这样的每一个知识点课程组都进行了设计。该课程在传统教学中教师为 16+32 学时，学生为 16+16 学时。采用基于 MOOC+SPOC 的翻转课堂教学模式后，教师为 24+24 学时，学生线下学习为 20+12

学时，线上学习为 32 学时。对于不同的专业，学习和工作中应用计算机的侧重点是不一样的，对于理工类专业学生来说，算法与程序设计的思想对其他专业课的学习会更有帮助；对于文史类专业学生来说，多媒体技术的应用能够将抽象的内容转化为形象的内容，有助于他们的表达；对于医学类专业学生来说，通过数据管理的学习能提高以后工作中分析数据的能力，所以，根据不同的专业类别，对于不同知识点在学时安排上会有所偏向。大一新生入学时间相对较晚，且军训需要半个多月，还会有一段时间的适应期，这些都占去一部分时间，所以第一学期正式开课从第 5 周开始。

（三）考核方式及标准

本次课程改变以往学期末一次性考核与平时作业等成绩相结合的考核方式，采取线上线下相结合的方式，利用线上学习过程中观看视频、单元测试、期末考试、讨论以及线下翻转课堂讨论和实验等，对学生的学习效果进行更为客观的评价，保证教育教学质量，同时督促学生进行持续性的学习而非考试前的突击式学习，更有利于学生知识与技能的掌握。具体考核标准如下所示：

（1）在线学习（总计 60 分）：完成教学设计中要求的课程视频及相关文档的学习后，参加课程的在线单元测验，该测试由 SPOC 平台自动评分并记录。

（2）在线讨论（总计 10 分）：以平台讨论区中"综合讨论区"和"课堂交流区"的有效发表主题数和回复主题数以及主题的质量作为考核依据。

（3）实验成绩（总计 20 分）：课堂上进行实验成果展示后，采取学生自评和互评的方式给出成绩，教师记录每次成绩，六次实验成绩平均后作为实验成绩。

（4）课堂表现（总计 20 分）：以学生的出勤率、课堂讨论的次数以及实验成果展示的分数为考核依据。

（5）考试（总计 40 分）：本课程期末考试也是在 SPOC 平台上进行，由系统自动评分并记录。期末考试的试题内容来源于讲间测试、课堂测试和单元测试。如果大家观看课程短视频并及时进行了练习和测试，那么在期末考试中取得好成绩是很容易的。

最终总成绩 =（在线学习成绩 + 在线讨论成绩）× 20/70+ 实验成绩 + 课堂表现 + 期末考试成绩。各项目成绩所占总成绩的比例。

（四）教学活动的实施

此次研究中大学计算机课程的开课时间为 2017 年 9 月 26 日，结课时间为 2017 年 12 月 30 日，共计 14 周的教学时间。在 SPOC 平台进行 14 周教学的同时在课堂上开展为期 14 周的教学，以完成本课程 7 章内容的教学。下面以第 2 周教学为例，分析基于 MOOC 和 SPOC 的翻转课堂教学模式的具体实施过程。

1.课前

课前，教师在 SPOC 平台上传"第一章计算机基础知识"前 3 节的学习资源，包括计算机的发展和应用、计算机硬件系统、计算机软件系统的学习内容。具体分为：短视频11个（包含计算机是什么、为什么要学习和怎样学习大学计算机课程、什么是计算思维、大学计算思维教育空间——计算之树、冯·诺依曼计算机思想构成、现代计算机系统的构成、现代计算机的存储体系等知识点）；相关文档2个（计算机常见外围设备、第一章导读，其中导读部分包括快速浏览——本讲视频都讲了什么、学习要点指南、常见问题三部分内容）；讨论主题1个（你认为计算思维对你就读的学科、专业有价值吗？有哪些价值？与大家讨论、分享一下自己的见解和观点）。

该SPOC平台讨论区共分为3个子模块：教师答疑区、课堂交流区和综合讨论区。教师答疑区：学生如果有学习疑问需要教师答疑解惑，可以在SPOC平台进行提问，同时教师可以在相关网站上使用布置作业、课堂测验的功能；课堂交流区：这是通过互联网平台进行课堂师生互动交流的新尝试，师生可以通过课堂交流区实现抢答、测试等功能；综合讨论区：课后，师生可以在该平台上进行交流互动，对相关学习进一步地讨论，分享学习经验和想法，还可以涉及生活、工作，全方位实现师生互动的深度和广度。将这些线上学习资源上传以后，教师在课堂讨论区组织学生们讨论，在教师答疑区回答学生提出来的问题。对于这些问题，教师要积极回答，以免影响学生学习的积极性，同时鼓励学生遇到问题要多方查找相关资料，积极寻求帮助。系统通过对学生提出的问题进行关键词提取，按被提问的频次对这些问题排序，教师整理后对部分问题在课堂会再次进行重点讲解。

课前，学生先到中国大学MOOC平台进行注册，按学校统一要求的格式设置用户名，这样方便该平台上记录的学习行为数据和成绩与学校教务管理系统完好对接，然后在SPOC平台选择本校正设的中国大学计算机基础课程，输入选课密码，进入课程开始学习第一章前3节的内容。学生可以先浏览课程公告、课程概述、课程大纲、成绩要求和考核标准，对课程有一个整体上的了解和把握，如果对于评分操作不熟悉，可以看一下常见问题和帮助。学生观看视频时，在重点内容后会遇到讲间测试，只有在完成讲间测试后才能继续观看后续部分视频测试，这不仅是为了巩固知识，督促学生认真观看视频，还是对听课过程中走神、思想不集中的学生的一个提醒。系统会对讲间测试立即给予反馈，使学生可以清楚地知道自己时这部分重点知识的掌握情况，对于那些没有掌握的知识，可以反复多次观看视频。此外，SPOC平台会即时显示学生的学习进度，未学习的内容显示为灰色，已学习完成的显示为绿色。对于章节内容，已全部学习完会以绿色显示，未学习以白色显示，只学习了部分内容显示为半白半绿，这样学生可以随时掌握自己的学习进度，后台也会记录这些学习行为数据，包括学生观看视频的次数、时间，教师在查看这些数据的时候也能详细掌握每个学生的学习情况。对于观看视频过程中遇到的任何自己解决不了的问题，可以在讨论区与同学们交流或者向教师提问，也可以在线下阅读相关文档及参考教材。

课前，学生的学习不固定在某个空间或者某个时间段，给了学生很大的自由，这给学生自主学习提供了很大的便利性，提高了学生的自学能力，也有助于提升学生提出问题、解决问题的能力以及创新能力。

2. 课堂

根据课程安排，本周是开课的第二周，考虑到部分学生还未能适应翻转课堂的教学模式，未能融入课程当中，所以对课堂上的教学内容做了如下几点安排：

（1）督促注册不符合标准的学生重新注册。教师通过 SPOC 平台后台管理系统可以看到已注册的学生和学生所使用的用户名，对于用户名不符合"LDXY+班号+姓名+学号"这种格式的学生，教师需要要求其更改为格式所要求的用户名。若存在部分学生没有在 SPOC 平台选修该课程，有可能是计算机操作不熟练，也有可能是找不到课程链接，没有选修该课程，所以教师需要对这部分学生进行个别指导，帮助他们完成注册，及时学习线上学习资源，跟上整个班级课程的进度。

（2）根据线上学习情况，督促学生学习。教师依据自己在课前查看的学生学习进度情况，对学习进度较慢的学生进行督促，询问是否是由于课程难度较大、学习方式不适应、没有电脑进行在线学习或者是本学期课程较多学习时间不够等因素造成。

（3）教师精讲串讲。对计算与程序、机器如何执行存储在内存中的程序、存储器的存取机理、冯·诺依曼式计算机等重点难点问题即时进行深入的讲解。

（4）释疑、答疑。教师针对线上学习中学生反映较多的问题再次进行集中解答，对于部分学生提出的问题未能在讨论区得到解决的，在课上进行讲解。

（5）分组讨论，提问互答。在第 1 周的课堂教学中，教师对每个班级中的学生进行了合理的分组，每 5 人一组，所以在本周的课堂上直接布置讨论题目，对什么是计算思维展开讨论，具体要求是搜索并阅读一下周以真教授关于计算思维方面的文献。周以真教授提出最根本的计算思维是"抽象 Abstraction"和"自动化 Automation"，并列举了计算思维是什么、不是什么，你是怎样理解的。视频中提出了"计算之树"来概括大学计算思维的教育空间，认为这些内容是最重要的计算思维，你认为完整吗？还有哪些计算思维需要补充到这棵计算之树上呢？进行 20 分钟的讨论后，每组根据分工，选出一名学生对汇总整理后的本组讨论结果进行汇报，待各组汇报完毕，教师对大家的讨论结果进行总结。

（6）安排线上学习任务。安排学生课后在 SPOC 平台学习"第一章计算机基础知识"后 2 节的相关内容。

（7）安排 PPT 实验任务。本周的实验为"实验一：PPT 制作"

总之，翻转课堂内更加注重思考和交流，教师能够了解学生存在的困惑，及时调整策略，有更多的时间和空间进行探究性研讨和交流，集中精力满足学生的个性化学习需求；学生的自主性、参与性和开放性，也使学习转变为分享和讨论的过程，既提高了学生语言表达能力，又有效促进了学习效果。

3.课后

在完成第 2 周的课堂教学后，学生在课后对课堂上的答疑讨论回顾、总结、整理和自己学习中使用的其他材料可以一并分享到 SPOC 平台，供大家复习巩固。这一方面对学生的总结能力很有帮助，既是对这门课程的补充，让该课程内容更加丰富，同时又让这种知识的共享理念延续下去。此外，学生要按照实验一的具体要求"根据自己所学的计算机基础知识的内容制作 PPT，将在线学习笔记拍照后插入 PPT 中，同时插入个人简介和照片，PPT 中要恰当地使用文字、图片、背景、动画、链接、幻灯片的切换等方法"完成 PPT 的制作，遇到困难可以在 SPOC 平台综合讨论区向教师、同学寻求帮助，通过在线讨论解决问题，或者在下一次课堂上向教师请教。

课后是学生将前两个阶段所学知识运用于实践的过程。通过练习和实践，进一步掌握了各类知识点，提高了动手能力、操作能力和应用能力。

（五）"大学计算机基础"课程的教学成效评测

1.学习过程效果分析

SPOC 平台后台系统工具自动统计学生学习行为数据的功能让课程成效的测评更加便捷、更加有效。该工具记录了每个学生的学习情况，包括注册时间、各知识点视频观看时间及观看次数、参与讨论时间、讨论区有效主题数、评论数及回复数、各单元测试及作业完成时间和成绩等数据，同时记录了每一天及整个学期各线上学习资源的学习时间和人数以及总体的变化趋势。由于数据过于庞大，选取部分数据进行分析，下面将从整体学习情况和具体学习情况对教学成效分别分析。

（1）整体学习情况。整个学期以来，共计有 4258 人选了该课程，经过后期整理、剔除无效注册、重复注册、注册名称有误等人数，实际参加该课程的人数为 3627 人。从 2017 年 9 月 25 日开始，在一段时间内选课人数随着时间推移有较大幅度的持续增长，在此之前只有个别学生注册选课；到 10 月 6 日，单日选课人数达到最大值，约 480 人，随后一段时间内选课人数逐渐减少；到 10 月 28 日，当天选课人数为 0，说明在持续近一个月时间后，所有学生选课结束，开始了该课程大规模的翻转教学。

SPOC 平台上的学习资源分为短视频、文档、文本、随堂测验、随堂讨论、单元测验、单元作业和考试等类别，从视频观看人数、文档浏览人数、单元测验与考试人数三方面具体分析整个课程各学习资源的整体学习情况。

观看视频的人数随着课程的开展表现出了一个明他的变化趋势。刚开始，学生学习积极性较高，热情高涨，对新的教学模式感到新奇；渐渐地，观看视频人数愈来愈少，反映出学生学习的主动性越来越弱，对课程的学习兴趣越来越低，课程视频的吸引力也越来越小。文档2的浏览人数最多，其后文档浏览人数相对文档2较少，基本处于一个平稳趋势，这可能与学生浏览完文档2后，觉得这些文档内容对自己学习作用不大有关系。而最后几个文档，浏览人数有个小范围的增加，可能其内容与期末考试相关。参与单元测验和考试人数与视频观看和文档浏览人数相比，增加明显，且变化趋势平缓，说明学生对单元测试和考试比较重视。

该 SPOC 平台讨论区共分为 3 个子模块：教师答疑区、课堂交流区和综合讨论区。教师答疑区参与讨论人数较少，单日人数基本都在 100 人以下，且每日人数变化波动范围较大，而在 12 月 29 日参与人数最多，达到 140 人左右。课堂交流区投票数居前七位的主题中，有 3 个是有教师参与的；排在第一位的主题是讨论 1-1，其浏览次数达到 24012 人次，网复数有 14796 条，投票 482 票；排在第七位的主题是讨论 12-3，其浏览次数达到 9474 人次，回复数有 7937 条，投票 193 票。这种变化反映了课堂交流区讨论热烈，而且主题内容更偏向于网络方面。在综合讨论区，虽然每天回复 / 评论数量有所波动，但整体处于上升趋势，且在 12 月 29 日数量达到最大，约 2800 条。可以看出，学生们更热衷于在讨论区通过讨论获取知识，参与学习体验。

（2）具体学习情况，鉴于平台数据记录较多，研究以计算机基础知识作为案例，具体分析学习过程的效果。线上学习资源中视频部分选取"视频 2 计算机软件系统"为分析对象，在视频发布后的一个月时间内，是观看视频人数最多的时间段，并且这段时间人数虽然有上下浮动，但整体趋势是先增后减，而在后面的学习中，回过头来重新观看视频的人数极少。文档部分选取"文档 2 第一章导读"作为分析对象，浏览文档人数的变化趋势和观看视频人数的变化趋势近乎一致，但在单日最高人数上比观看视频人数少近乎一半，可以得出相对于浏览文档，学生更喜欢通过观看视频来获取知识。

2. 学习结果效果分析

在课程教学中，教师通过 SPOC 平价共计发布了关于本课程七章内容的九次测试，其中第三章分为 Word、Excel、PowerPoint 三个测试，此外还有一次期末考试。由于各单元测试的总分不一样，为了便于比较将其统一换算成百分制分值，在 10 次测试中，90 分以上的有 7 次，占比 70%，其他 3 次均在 80 分以上，这说明学生线上成绩普遍很好。

3. 学生评价调查分析

在课程结束后，通过问卷方式对学生评价进行调查和统计分析。问卷主要围绕学生对在线学习的满意度、课堂学习的满意度、教学模式整体的满意度三个维度进行设计，具体调查统计结果如下：

（1）在线学习的满意度。我们将学生的接受程度或满意程度分为 5 个等级，如表 6T1 所示，对于题目 1 "您能够熟练使用 SPOC 平台的各项功能，有序开展课程学习"，同意的占 51.92%，说明超过一半的学生能够熟练使用 SPOC 平台；不同意的占

15.60%，说明在 SPOC 平台上开展课前学习和讨论对于一小部分学生来说还存在困难，对于这部分学生教师要注意进行个性化指导，确保每一位学生都能够顺利在 SPOC 平台上开展学习。对于题目 2 和题目 3，"认为课程视频质量较高和文档资料有用的"分别占69.23% 和 65.58%，说明选取的 MOOC 资源以及教师自己制作的视频和文档能够满足大部分学生的学习需求，对于题目 4 "您愿意在 SPOC 讨论区分享自己的经验、知识，参与讨论"，有 53.84% 的学生表示同意，11.33% 的学生表示不同意，说明虽然大多数学生很乐意在 SPOC 平台上和大家一起交流学习、解答困惑，但还是有学生不愿意参与到其中。对于题目 5 "您觉得 SPOC 平台上的讨论区能够帮助学习和解决困惑"，满意程度高达 72.66%，可见讨论对学生学习的帮助较大，已经使较多学生从中受益。

（2）课堂学习的满意度。对于题目 7 "您对课堂上的小组合作比较满意"，有61.87% 的学生表示同意，说明课堂讨论取得了不错的效果；有 4.56% 的同学非常不满意小组合作的效果，这可能与小组的分组及组员间的配合有较大的关系。对于题目 8 "在课堂上，教师讲解的重点、难点是您在课前遇到的困惑"，有 84.05% 的学生表示同意，可见同学们在课前学习过程中有遇到过较多类似的问题，而教师课堂上重难点的讲解无疑对学生们释疑解惑、知识内化起到了很大的作用。对于题目 10 "您对课堂学习活动的整体情况比较满意"，同意的学生有 47.80%，不到一半的学生对课堂学习活动整体情况比较满意。而从前面的分析中，我们可以看到，学生对于小组合作和教师重难点的讲解具有较高的满意率，说明课堂学习活动中其他环节的实施还存在问题，需要改进。

（3）教学模式整体满意度。对于教学模式的整体满意度，问卷从提高学习效率、提高自主学习能力、促进知识的理解和深化三个方面进行调查。对于题目 13 "您喜欢该课程所使用的翻转课堂教学模式"，有 76.03% 的学生表示同意，而不同意的仅为 8.57%，这表明该教学模式深受学生们的喜欢。从题目 14 可以看出，对于"该模式能够提高学习效率"，有 68.79% 的学生表示同意，而不同意的仅为 24.9%。从题目 15 可以看出，对于"该模式能够提高自主学习能力"，有 62.79% 的学生表示同意，而不同意的为20.77%，其中非常不同意的占有 6.52%，这表明影响学生自主学习能力的因素除与教学资源、教学环境、教学设计、教学模式等因素有关外，还与自身及其他因素有关。从题目 16 我们可以看出，对于"该模式能更好地促进知识的理解和深化"，有 62.34% 的学生表示同意，而不同意的为 14.58%，可见学生对该模式的整体满意度较高。

此外，关于"在该模式下影响您学习的因素有哪些"的调查中，排在前三位的是对计算机操作不熟练、时间不充裕和使用互联网不方便。关于"您在学习过程中遇到问题会怎样解决"的调查中，排在前三位的是自己查阅资料、在 SPOC 平台讨论向教师求助、和同学一起探讨。

（六）实践中的问题与模式改进

此次研究基于"MOOC+SPOC"的翻转课堂教学模式，通过对学生的在线学习行为数据、学习成绩数据、学生评价调查问卷数据的分析，并结合为期 14 周的教学实践，总结出该模式中存在的问题，并据此对模式做出修正。

1. 实践中存在的问题

（1）学生选课持续时间过长。从 SPOC 平台记录的学习行为数据，我们看到所有学生选课持续了近一个月的时间。对于后期选课的学生，很有可能会跟不上教学进度。究其原因，一方面学生对计算机操作不熟练，部分学生之前很少接触计算机，对于网络及 SPOC 平台的使用不熟悉；另一方面，校园环境不能很好地支持该教学模式的实施，受校园网络及学校机房电脑数量的限制，部分学生不能在课程规定的时间内注册选修课程和开展正常的学习。

（2）学生在线学习的主动性降低。随着时间的推移，观看视频和浏览文档的人数在减少，也意味着课程视频对他们的吸引力越来越小，他们在线学习的主动性有所降低。一方面，这种新的教学模式及优质的教学资源带来的新奇感及愉悦感在慢慢减弱；另一方面，由于缺少一定的监督，学生的惰性心理慢慢显现。

（3）教师答疑区参与人数较少。论坛学习中并没有形成紧密的团体关系，信息的流动性仍有待提高，原因可能在于教师对于学生的引导不足。论坛中教师主要是进行答疑解惑，很少提出可供学生深入挖掘的话题，引发学生的深度讨论，然而学生在虚拟环境中的学习需要教师的步步引导才能逐步走向深入。

（4）小组合作学习效果不理想。通过问卷调查，我们得知有较多学生对小组学习效果满意，而少数学生却表现出非常不满意，出现这一现象的原因可能是因为在课堂教学中学生分组时每一个小组人数过多，当人数过多时就更容易出现意见分歧或者不公平等问题。

（5）部分学习行为数据丢失。在学生的学习过程中渐渐发现后台管理系统时部分通过手机 APP 学习的行为数据未能有效记录。由于移动学习的便捷性和灵活性，有超过60% 的学生是通过手机 APP 进行课程的在线学习，数据的丢失给了解学生的学习进度及学习过程带来了一定的困难，也导致我们通过学习行为数据对教学模式效果的测评出现较大的误差。

2. 教学模式的改进

针对 SPOC 教学模式实践中存在的问题，并结合其自身的功能目标，现提出以下改进方案。

第一，在该模式的教学实践中，学生必须具备一定的计算机操作能力和较强的自主学习能力，同时根据学生的自身情况，在开课前详细地向学生介绍平台的使用方法，确保每位选课的学生能够熟练使用 SPOC 平台的各项功能，进行无障碍学习。

第二，加强校园信息化建设，扩大无线网在校园的覆盖面，尽可能地提速降费，满足学生随时随地进行移动学习的需要，让学生使用网络学习没有后顾之忧。同时，为该模式的教学配备一定数量的机房，方便没有条件使用电脑的学生学习。

第三，强化对学生学习行为及学习过程的监管，通过阶段性的浏览平台后台管理系统记录的数据，适时地对学生的学习进行干预和提醒，避免学生学习兴趣下降、学习主动性降低等这些不良现象的发生。

第四，加强教师在讨论区对学生参加讨论的组织和引导，教师不仅要及时解决学生在论坛中提出的问题，还要发挥组织、引导作用，组织学生积极有序地展开讨论，也可以抛出问题的形式将学生的讨论引向更深层次。

第五，为了解决学生小组合作学习效果不理想的情况，应该根据学生学科背景、知识储备和学习风格进行分组，此外应尽量减少每组成员个数，精小的分组有利于学生进行深度探究。

（七）总结与展望

1.总结

SPOC 和 MOOC 等各种新型学习平台和大规模在线开放课程在全球范围内的快速发展，进一步增加了学生的学习自主性和学习积极性，拓宽了教学的时间范围和空间范围，进一步增强了教学的吸引力，也有利于不断扩大全球优质教育资源的受益面，由于互联网技术带来的技术手段的革新，为高等教育教学的创新与改革带来了更多的机遇，也使高等教育教学的发展面临诸多的挑战。创新和发展是一个时代的主旋律，在教育领域也不例外，将 MOOC 与 SPOC 结合起来，用翻转课堂的形式推动高职课堂教学模式的转变，这种转变使 MOOC 在高职实体课堂得到落实，同时 MOOC 和 SPOC 为翻转课堂的实施提供了优质的课前学习资源和讨论平台本节在已有研究基础上探索构建基于"MOOC+SPOC"的翻转课堂教学模式，并以《大学计算机基础》课程为实践对象进行实证研究，得出了该模式对教育教学产生的各方面的影响。

（1）学生方面。有助于提高学生自主学习的能力，促进个性化教学。SPOC 平台借助 MOOC 资源开展教学，能够给学生提供更大的自主性。学生根据自己每天的课程和时间安排，自主选择学习的时间和地点，自主决定学习进度，自主控制视频的播放速度、观看次数以及回放次数，还可以自主选择在自己的最佳状态时以自己的习惯和喜欢的学习方式学习，在一定程度上能够培养学生学习的自觉性和主动性，促进个性化教学，同时有效缓解了学生有限的学习时间和无限的知识之间的矛盾，有助于培养学生多方面创造性学习的能力。课前自主学习，在论坛寻求帮助，参与讨论、测评，完成学习任务，培养了学生自我控制、自我约束、自我管理能力，还有协作互助、思辨交流能力。课堂面对面讨论，课时完成实验作业，培养了学生探究能力、创新能力和实践能力。

（2）教师方面。有助于提高教师的教学水平和教学设计能力。面对新的教学环境、新的教学思想，教师要做好各项准备，先要在思想观念及教学活动中做出改变。各个知识点的划分，短视频的制作，讲间练习、单元讨论主题、单元测试的设置，这些都对教师的教学设计水平提出了更高的要求，需要教师不断学习新知识、新技能，掌握新方法。此外，组织学生论坛讨论，随时回答学生的疑问，查看学生学习进度，进行个别化辅导，课堂开展探究性学习，都需要教师花费大量时间去完成，这就要求教师不断提高教学水平，不断更新自己的知识库。此外，通过翻传课堂的教学模式，可以将教师从繁重的低层次重复性教学中解放出来，把精力集中到教学创新和对学生的指导帮助中。

（3）教育资源方面。扩大了优质教育资源的使用面，实现了教育资源的开放与共享，对促进教育公平也有一定的意义。一般情况下，普通高职不是建设 MOOC 课程的主体，任课教师也不是课程的开发者，而是通过该模式，普通高职的学生也可以学习名校名师的名课。

（4）教学效果方面，采用翻转课堂教学模式，学生按照教师的要求在课前看 MOOC 视频学习，在课堂上教师只需花少量的时间回顾基本知识，更多的时间可以用来与学生讨论延伸，弥补传统课堂教学的不足，提高教学和学习效率。

2.展望

虽然构建出了基于"MOOC+SPOC"的翻转课堂教学模式并进行了应用研究，取得了一定的研究成果，但在实践应用中发现存在许多不足之处。比如，选择大一新生作为教学模式实施的对象，他们对计算机操作不熟练，这给课程的有效教学带来了较大的影响。而翻转课堂受学时数的限制，课堂上不能完全发挥而对面讨论和个性化指导的优势，同时部分学生网络学习意识不强，存在惰性心理，这也与教师的监督、提醒不到位有关。此外，在课程实施中，虽然采用的是分班教学，但学生整体数量太大，而且使用移动客户端学习，有些学习行为数据没有被系统所记录，这使教学过程和结果的测评出现了一定的偏差。

在梳理已有研究的基础上，探究了如何将优质 MOOC 资源应用于高职传统课堂教学，并尝试构建了基于"MOOC+SPOC"的翻转课堂教学模式，经过课程案例的实践验证，该教学模式具有一定的可行性与有效性。此次研究只是一个开端与尝试，需要进一步深入研究。一是深入分析学习的理论和技术，对产生的学习行为数据做进一步的挖掘，为学生提供更精准的个性化指导和学习服务；二是将该教学模式的实证研究进一步深化，在实践的基础上不断完善该模型，并探索适合不同学科的教学模式。

第二节　MOOC+SPOC在NET语言课程的应用

.NET 也属于计算机基础课程体系的一门课程，.NET 语言的全称应该是 ASP.NET，是微软新推出的一种编程框架理论或者说是一种编程标准，它可以通过微软出品的 Visual Studio 集成开发工具进行项目开发，应用于网站类的开发一般使用 C# 语言进行编写，应用程序类一般使用 VB 进行编写。.NET 框架是 .NET 平台最关键的部分 .NET 框架开发平台可以允许我们创建各种各样的应用程序，如 XMLWeb 服务、Web 窗体、Win32GUI 程序、Win32CUI 应用程序，Windows 服务、实用程序以及独立的组件模块。Microsof 工 NET 框架为开发人员提供的技术比任何以前的微软开发平台提供的技术都要多，如代码重用、代码专业化、资源管理、多语言开发、安全、部署、管理等。

下面设计一个基于 MOOC+SPOC 高职 .NET 语言教学辅助系统，其中包括一个 MOOC 平台和一个用于 SPOC 教学模式的微信群组管理软件，从系统的功能需求定义、需要分析和可行性分析、数据库分析与设计、功能模块介绍以及功能模块的详细设计与实现等方面对该教学辅助系统进行介绍。

一、高职 .NET 语言教学现状

（一）高职开设 .NET 语言课程教学的优势

首先，在进入大学学习之前，绝大多数高等中学都对学生进行过文理分科，一般来说，接触数理化较多的理科生对于计算机程序开发及相关领域更加容易接受并产生学习欲望，也更易具备相关的知识储备。

其次，学生通过"高考"的再一次筛选，进入到相同的专业中进行学习，增强了学生间学术氛围，有利于他们在某一专业领域内扩展知识的广度和深度，随着互联网技术日益成熟和发展，信息技术在我们工作生活的方方面面起到的作用日益显著和突出，它重构了人们的衣、食、住、行。而从事 IT 行业的人员也水涨船高，培养这方面高新技术人才的呼声也日益高涨。我国高职作为为社会主义现代化建设提供智力支持的重要场所，开设程序语言开发教学既有必要件也有良好的可行性，运用高职优质教学资源（优秀的教师队伍和各类先进的机房实验室等教学设备）对学生进行集中授课，有利于充分发挥规模效应，提高教学效率和学生的学习效果。

再次，在校大学生的计算机水平可能由于种种原因存在着较大差异，但是由于这一领域特别强调团队精神的存在，这就使在这时期的计算机教育中，可以在教师传授的基础上，鼓励那些基础或掌握程度较好的学生主动帮助水平较差的学生。这样不仅可以让他们互帮互助、学习上共同进步，还可以增进交流和理解，深化同学间的友谊，一举多得。

第四，高职作为学生向职场人士角色转变的重要过渡场所，开设此类专业和课程，不仅能为他们提供必要的计算机方面的相关知识，还可以使他们尽快地了解这一领域的整个流程和工作形态。

最后，随着我国综合国力的不断提升，国家在教育上的投入力度逐渐加大，特别是高职计算机辅助教学上的硬件和软件。近年来，各类先进的机房、教学设备普遍投入使用，同时高职引入各类优秀师资人才，从硬件和软件上为计算机相关课程的教学提供了有力保障。

（二）高职 .NET 语言课程教学中存在的问题

计算机技术是当今社会生产力的重要组成部分，其扮演的角色和地位也日益突出。从 20 世纪 90 年代开始，我国高职逐步进行计算机理论和实践方面的课程教学，通过数十年的努力，高职计算机课程教学经历了从无到有、从弱到强、从普通到独具特色的蜕变过程，取得了骄人成绩。但是，由于各校教学理念、教学管理等多方面的原因，目前还存在不少问题亟待解决，主要体现在以下几个方面：

1. 教材内容相对滞后

计算机网络技术的飞速发展，各类技术日新月异，新硬件、软件、概念等层出不穷，而我国高职授课一般都是以实物的书本媒介为基础进行的，导致书上的知识内容都会或多或少地滞后于目前的主流应用需求。另外，由于条件限制，各高职在计算机语言教学方面尚未使用统一的课程教材，使用的教材质量也参差不齐，内容仅仅适用于小范围的课堂教学，且修订工作往往滞后，不能适应学生的学习需求的变化，最终导致教学效果不佳。

2. 未能因材施教

大学新生在接受计算机方面的知识上存在着不容忽视的个体差异。一方面是原有的计算机基础差异大。其中一些学生在小学、初中时就学习过计算机的相关知识，而一些新生则未接受过系统教育，动手能力和应用水平较低；另一方面，家庭经济条件悬殊也是导致学生个体差异较大的重要原因。

面对计算机基础水平参差不齐的现状，采用"因人而异，因材施教"的教学策略是极其必要的。但是实际上，很多高职出于自身原因，或对该课程不够重视，或不愿对现成的教学模式进行优化或加大软硬件投入等原因，在这门课程的教学上采用的依旧是"一刀切"模式，完全忽略了学生鲜明的个体差异性。这样虽然可以补足计算机基础薄弱学生的"短板"，但对于基础好的学生而言，教学内容缺乏多样性和吸引力，最终导致有的学生"吃不饱"，而另一些学生则"消化不良"，教学效果不明显甚至加重学生课业负担。

3. 教学形式相对落后

移动互联网正悄然改变着人们的日常工作和生活方式，各种网站服务形式、软件、手机 APP 正在为普通人所熟悉。高职也逐渐从传统的"粉笔＋书本"转为以计算机辅助教学为主的教学形式，极大地提高了学生的学习兴趣和积极性。但是高职要从根本优化和调动各种有限的教育资源，重组为学生、教师都易于接受、喜闻乐见的教学形式，还有很长的路要走。总体上看，目前仍然是教师讲授、学生被动接受的教学模式，师生互动也只是发生在课堂教学阶段，网络教学等先进的教学手段，如 MOOC 课堂、O2O 教学、翻转课堂等因为各种原因未能普及。此外，由于计算机相关课程本质是一门技能课程，这类课程在掌握基本理论知识的同时，需要与课后实践操作结合紧密，对学生的动手能力和创新性提出了更高要求。这些在一些高职未获得足够重视，学生的上机操作基本处于无人监督、无人指导状态，课上习得的理论知识完全体现不到上机操作中，更多的是教师纸上谈兵、学生囫囵吞枣。相对而言，一些社会培训机构，如北大青鸟等，针对现行大学计算机语言教学的问题和不足，大胆采用在线 MOOC 提前预热、O2O 视频直播教学和上机面授指导三者相结合的先进的教学理念和教学手段，面向欲从事 IT 业却缺少实际动手能力的 IT 新人，有针对性地进行入职前的技能培训，在学生口碑和社会效应方面取得了显著成效，其中很多宝贵的经验值得高职借鉴和学习，他们称之为"后大学教育"。

二、MOOC+SPOC 的高职 .NET 语言课程教学模式的设计

（一）设计原则

不管是 MOOC 思想还是 SPOC 模式都是在高等教育领域发源和发展起来的，所以在高职课程教学中采用 MOOC+SPOC 模式进行教学，有着天然的适应性和可行性，为了达到既定的教学目标，在设计这一模式时，必须遵循如下原则。

1. 以学习者为中心

教学活动的最终目的是让学习者习得教学计划所规定的所有目标，进而获得到知识、技能等。特别是当今移动互联网兴起后，人们能接触到的知识人口数量不断增多，传统意义上的"学习""学校"等概念不断被重新定义。人们可能不再需要固定的学习地点，甚至教师，就可以完成整个学习过程。而教师也从传统意义上的主导者转变为学生在活动中的引导者和辅助者，这一原则也是我们设计各种教学模式时需要遵循的，否则教学活动可能会偏离正确的轨道。

2. 系统规划，内外兼顾

教学活动实际上是由一系列教学环节经过教师根据一定的科学理论和自身教学经验组合在一起的，即教学活动中各个教学环"之间的系统性。因此，我们在设计教学模式

的时候，不能让各个教学环节相互脱离，必须寻找它们的内在关联，并采用合理的环节将它们串联起来，使之成为一个完整的系统性教学活动。再者，教学资源是教学活动的重要因素，看似并无关联的各类资源间实则存在着千丝万缕的联系。探究教学资源间的内在关联，使之优化组合后成为一个整体，为整个教学活动的正常进行提供必要支持，如此便能更快、更稳地实现教学目标。

MOOC+SPOC 模式最显著的特征是既有 MOOC 模式的开放性，又有 SPOC 的条件限制性，两种模式相辅相成，缺一不可。一方面，教学者和学习者可以充分利用这两种模式的优势，适时地开展相应的教学学习活动；另一方面，由于两种模式的并存，必然会使一部分拔尖的符合条件的学生优先进入到 SPOC 教学环境中，而另一部分学生则因为暂时未达标而仍处于以 MOOC 形式学习的状态中，这就要求我们必须兼顾两类学生群体的差异性，发挥好两种教学模式的优势，让合适的教学资源以恰当的表现形式呈现给最需要的学生。

3. 与时俱进，兼顾实用

在设计过程中，应该尽量注意与社会主流思想、技术同步，防止空谈概念，与社会主流趋势脱节。由于计算机领域的理论和技术日新月异，所以教学设计者必须先要在思想上时时保持先进性，平时多接触这一领域的最新发展动态。另外，在设计上要体现理论和实用并重，在提高学生理论水平的基础上，引导和培养他们的动手能力与创新思维，防止眼高手低，只会考试不会实现具体功能的情况出现。

（二）设计思路

.NET 语言开发课程是一门理论和技能结合的课程。课堂上进行的理论学习与在实验室进行的上机操作学习都是必不可少的，扎实的理论知识是上机操作的理论基础，上机操作是相关理论的深化。本系统的最大特点是将 MOOC 和 SPOCMJ 种教学组织形式综合到一起进行教学，下面我们就综合这两种模式如何展开 .NET 语言开发课程教学进行阐述。

1.MOOC 部分

第一，在本门课程开始前，教师通过二维码或宣传海报等形式，通知和引导学生在系统中填入相关信息后进行用户注册。注册登录完成后，系统会以醒目的形式告知学生本门课程的课程介绍、授课教师、结构体系、应用领域以及同学人数、授权形式等，让学生对即将学习的课程有一个总体把握。与此同时，教师会在系统中告之学生本门课程多个阶段性学习目标，并以进度条的形式表现出来，在每个阶段性教学活动开始之前，公布出相应的预习任务清单（如相关资源的网址、视频、书籍或其他学习资源），并提醒学习者根据自身实际情况进行学习。

学生完成课后学习，将学习效果和进度自评后，录入系统反馈模块，并参加课程在线入学摸底测试，将学习过程中遇到的困难疑惑提交到系统的论坛讨论区。教师通过以上过程能清晰地了解到选课学生的整体入学水平，为接下来的课程教学安排提供初步参考。

进入课堂教学阶段，教师通过系统后台反映出来的数据指标，依据制订好的教学计划进行相关的理论知识的讲授，并辅以课堂互动、现场演示等形式来弥补单纯理论表述带来的枯燥和抽象。

第二，MOOC模式重视教师学生课上面授环节的同时，非常强调学生课下自主学习的重要性。学生在这一环节中除要完成教师布置的作业外，还会根据自己的兴趣，有选择性地涉猎一些其他领域的相关知识，扩大眼界，开阔视野。在这一过程中，学生与教师之间的互动，同学之间的论坛交流、互帮互助共同进步有着非常重要的意义。有了持续的、可靠的师生、生生互动后，学生在学习过程中遇到难题，便不会出现无处求助或求助无果的状况，有效地避免了学生学习自信心的挫伤。因此，我们在设计系统平台功能的同时，还需要借助一个第三方通信工具平台来完成师生间、学生间的即时交互，经过功能比较后，我们认为微信群平台更加适合作为班级教学活动的平台，在此平台上完成在线讨论和难题答疑，使师生间的交流互动得以顺利开展。我们也可以通过微信开放平台接口开发相关的管理功能插件，提高管理效率。

以上两个步骤会根据总的教学进程的推进，循环往复，交替进行，最终使学生达到教学目标的要求。值得一提的是，由于MOOC模式的开放性，学生数量众多，教师为每个学生量身定制一套个性化的学习方案不太现实，在这一阶段大多数学生的学习效果会达到一定水平，除其中一部分自制力和接受能力不错的学生外，其他学生离理想状态还有一定距离。此时，为了弥补MOOC模式的不足，教师可以在线上或线下，对所有学生定期组织进入SPOC资格的水平测试，未通过的学生将继续留在MOOC中，而通过者则可以进入SPOC阶段。

2.SPOC部分

进入SPOC学习模式后，虽然还是以学生自主学习为主、教师答疑指导为辅，但是在这一阶段，教师的介入程度会明显提高，对整个教学环节中细节的把控和与学生间的沟通交流会更加紧密。下面介绍SPOC阶段的教学特征。

SPOC的特征是私有性、限制性。在这一模式下，学习者的人数是被控制在一个区间范围中的，使教师有足够精力在一些辅助系统的帮助下，对其中相对少数中的每位学生进行逐一辅导，并根据系统实时的反馈数据，找到每位学生的长处和短板，为他们制定有针对性的学习计划，真正地做到"因材施教"。

MOOC和SPOC实际上是两种不同的教学组织形式，但是由于SPOC的小众化和私密性，这些将必然会吸引处于MOOC中的学习者投入更多的精力到学习中，以期进入"等级"和"荣誉感"更高的SPOC。当越来越多的学生进入SPOC，结果必然是学生整体水平的提高。另外，由于SPOC具有的"选拔性"，已经进入的学生可能会存在一些跟不上课程进度、学习成绩不能达标的情况。此时，系统会根据设计的既定准入条件，将他们从SPOC中退回到原有的MOOC模式中，保证学习者水平的相对一致性。

三、高职 .NET 语言教学辅助系统的可行性研究和需求分析

（一）可行性研究

1.技术可行性

本系统由一个功能较为完整的MOOC网页平台和一个在微信通信功能基础上开发的辅助PC端软件组成，但是两者开发的语言都是C#，代码逻辑和功能模块在移植和改造上的通用性较好，不会增加过多的开发难度和成本。在前端框架设计上，本系统采用Bootstrap+JqueryUI结构，能实现手机、PC和APP共同适配和兼容，真正做到"一种设计，适用所有，并且它还具有后期易维护性和扩展性强。

2.经济可行性

对本系统进行研究、设计和实现的目的是能最大限度地利用现有资源，提高教师现有教学效果，从而间接降低成本。

3.社会因素可行性分析

从使用上看，本系统的设计开发充分考虑到学生和教师两方面的功能需要、操作习惯、计算机水平、用户体验等，让系统既能符合功能要求，又操作方便。

（二）系统需求

1.系统功能

系统仅针对 .NET 语言开发这一门大学计算机课程，在系统的设计上要体现该课程的一些特征，经梳理，大体包含以下功能模块：课程模块、班级学生模块、学习资源模块、脚本在线运行模块、在线测评模块、学生CMS、第三方群组交流模块和系统设置模块等，并且以下模块大多又可分为学生功能部分和教师功能部分。

（1）系统设置功能。系统设置功能主要是对该辅助工具的公共信息进行设置，如系统名称、课程名称，课程相关统计代码信息、联系方式等。

（2）课程管理功能。课程管理是采用课程的知识框架设计，利用原有知识点体系对其他媒体资源进行有机整合后呈现出的各个学习微视频，它们是课程内容传播的主要呈现形式。

学生功能部分：学生在登录成功进入系统后，看到的最主要部分就是课程模块，系统通常会按默认排序方式（如知识点体系或点击量降序）呈现出来。学生可按照系统提

示的章节关系，对课程进行线性式的观看和学习，并在学习过程中对自己感兴趣的或尚未完全搞懂的知识点进行标记、打分，对该视频的制作精良水平、接受程度进行在线评分，或将其加入到收藏夹中，方便再次学习。而对于另一些学生而言，在已经大体学习完整课程后，对其中几个知识点尚存疑惑，则可以通过系统的站内搜索功能查找，系统也会在醒目位置，按点击率、好评率、收藏数量等指标对当期所有视频内容进行排序，直观地为学生推荐相关内容。

教师功能部分：教师在制作完成定期课程相关的所有视频后，在管理后台将视频标题、播放地址、播放时长、视频简介、制作教师简介、学习目标、是否推荐、展示顺序等字段信息上传到系统视频管理模块，并定期对其进行优化和编辑，以符合学生的学习要求。

（3）班级学生管理功能。

学生功能部分：学生在初次使用系统时，会填入自己的相关信息（如用户名、密码、姓名、性别、学号、专业、手机号等），其中用户名和密码是用来进入系统的凭证，其他信息为辅助。

教师功能部分：教师通过收集学生信息，可以掌握当期学生群体的总体规模情况，并通过发送站内消息或其他通信工具，及时地与特定学生取得联系。

（4）学习资源管理功能。

学生功能部分：主要呈现在每个视频页面部分的后部，以列表形式表现出来，主要内容包括和该知识点相关的其他学习资源，如网址、视频、文档、图片、书籍等，便于学生进行扩展性学习。

教师功能部分：教师对整门课程相大的资源进行汇总，批量录入到系统资源管理后台，然后根据课程章节内在关系，将这些资源分别设置到特定的课程视频中，形成对应关系，供学生参阅学习。

（5）脚本在线运行功能。

学生功能部分：题库脚本是仅针对 .NET 语言开发进行设计的，其主要功能是引入外部第三方在线代码运行的插件到系统中，使学生可边观看视频，边在不换其他工具软件的情况下，进行 .NET 语言代码的简单调试运行，并查看运行结果，提高教学过程的实用性和趣味性。

教师功能部分：对可以运行的代码片段进行提示，引导学生动手编写并输出结果。

（6）在线测评功能。在线测评是指在学习者观看课程的过程中，课程设计者根据教学内容的内部联系，通过一定的逻辑判断和程序控制，对视频文件进行时间节点上的"切割"分段化设置后，"插入"与当前结点所述内容相关的测试题库，并以合理的形式呈现给学习者，在学习者"测试通过"后，内容将继续向前推进，直至整个学习任务的最终完成。这种测试形式，设计上突出人性化、科学性和趣味性。

学生功能部分：在知识点视频播放过程中引入在线试题测试功能，设计上突出科学性，对学习者掌握的知识进行及时巩固，同时起到承前启后、查漏补缺的作用；能激发学习者的学习兴趣，提升课堂效果。

教师功能部分：总体来说，包含以下两部分。一是测试题库部分，这部分主要是由教学设计者根据课程内容需要设计出的大量试题库，它们会被随机或人为地设置到视频播放的某个时间节点上。二是试题出现的逻辑的定义。

（7）师生、学生交流功能。

学生功能部分：系统内开辟有BBS论坛区，为了方便学生使用BBS会被教师按照课程章节结构划分出若干个交流版块，并且可设置版主、管理员等角色，共同对学生在板块内提出的问题进行专业性的解答。与此同时，除了一般功能性作用外，BBS也是学生间网络社交的重要场所和主要形式之一。在这里，他们通过相互"灌水""坐沙发"，表达各自对某一问题的观点和看法，或是探讨学习过程中遇到的某一问题，找到和自己志同道合的朋友，一同在知识学习的道路上，互帮互助、共同进步。

教师功能部分：通过论坛管理后台，对整个BBS的整体定位进行把控，实时监控发贴信息，对优秀话题和发贴内容进行加精、置顶等操作，提高优良内容的传播速度；同时及时删除不良信息，保证BBS内容的健康专业性。定期对内容进行调整，发布一些既符合学生群体兴趣偏好的又有益于课程学习的信息内容，鼓励学生看网帖，提高系统用户忠诚度和活跃度，最终营造起群体学习、互助学习的良好氛围，为教学活动的进行创造有利条件。

（8）第三方SPOC组织功能。第三方SPOC组织功能是本系统的主要特色之一，其设计思路主要来源于SPOC模式本身的特性。SPOC从某种角度可以理解为对符合条件的学习者通过一定的形式组织起来进行在知识深度和广度上的拔尖性教学。在这一过程中，教师对学生的关注程度会有所加强，师生间的互动交流也会更加频繁和深入。为了体现进入SPOC后学习的优势所在，教师还会在资源着重对学生开放一些精品教学资源，让学生接触到更多优秀的学习资源，使他们的课程学习进程实现一个质的飞跃，而这些是那些尚处于SPOC教学模式之外的学生无法获得的。因此，教师有必要借助某些工具，对SPOC内的学生进行有效管理，既要能保证沟通交流顺畅，又要能使教师方便地执行各项规划好的教学活动，同时能给予学生一定的自主学习的空间，营造健康和谐的学习生态氛围。在此，我们选用目前非常流行的微信作为组织和通信工具软件，并在一定基础上利用微信开放平台提供的接口机制，设计出一款适用于SPOC模式的管理小软件协助教师进行教学。其主要功能有以下两种。

学生功能部分：通过考核的学生会被教师拉进创建好的SPOC教学群组中，在这里（未通过考核的学生则无权限进入其中），学生可以更加方便地接收到教师发出的各种通知、指令和教学安排，联系到代课教师和其他同学，与教师、其他学生的交流变得更加便利，与此同时，在教师因为时间关系无法正常回复学生学习求助时，软件设计好的机器人可根据学生输入的关键词进行资源库模糊查询，能方便快捷找到相关的学习资源并发送给学生。

教师功能部分：通过简单设置实现微信小工具的资源库与平台资源无缝对接后，扫码登录群组管理的微信号，启动机器人关键词应答功能，实现学生自主查询。

2. 其他特色性功能

根据上述实现情况，系统除具有 MOOC 和 SPOC 模式通用功能外，还需满足以下特色功能。

（1）系统需包括 MOOC 和 SPOC 两种不同的教学模式，兼顾两种模式的优势和特点，并且设置学习者学习路径跟踪监测模块，让学习者能在 MOOC 环境中获得基础知识并考核通过后，自动进入等级要求更高的 SPOC 中继续学习。同时，让在 SPOC 中学习考核未达标的学生自动退出 SPOC，退回至 MOOC 模式。

（2）实现对学习者学习过程和路径的全程跟踪监测，统计学习者各个学习阶段的量化数据，为实时优化教学进度和教学过程，个性化订制方案提供科学依据。

（三）系统用例分析

1. 教师 / 管理员用户用例

由于本系统的适用性仅限于高职 .NET 语言开发课程，因此开课教师和系统管理员的角色和功能相同。

学生注册用例。教师通过进入平台后台，可以对新注册学生的资料进行审核，审核通过后，学生方可正常操作。

学生管理用例。教师可在管理后台，查看当期所有学生的相关信息，并进行资料维护和管理，对某些学生进行锁定或解锁操作。

课程管理用例。教师录入好当期课程内容视频或文字教材后，在管理后台根据课程章节结构上传添加，并在视频中插入相关测试试题，形成在线视频弹题功能，对平台内所有课程进行增删改操作。

评论管理用例。在本用例中，教师可对学生提交的学习评价及时地进行审核、删除，并对其中有价值的进行回复，提高师生互动频率。

资源管理用例。教师在系统后台对所行课程相关的各类资源进行编辑、补充和删除，保证学生学习内容的可靠性和实时性。

BBS 管理用例。在本用例中，教师可以开辟多个学习板块，引导不同兴趣的学生进入各自区域，提升他们的融合度。另外，BBS 是一种较好的增加用户黏度的网络存在形式，也是学生社交的主要形式之一。教师要充分利用论坛形式的优势，熟悉学生的网络使用习惯和表达习惯，尽量地融入他们当中。再者，要加强论坛内容纯净性的管理，实时地监控过滤非法内容的贴子。

在线测评管理用例。在本用例中，分为两部分功能。一是建立和完善庞大的学习题库，生成定时在线考试试卷；二是在视频内容发布时，根据其内容进程在时间轴上设置相关在线试题，并对考试结果进行汇总分析，得到阶段性教学成果评估。

SPOC 群组管理用例。此功能是本设计模式中的核心功能之一，主要是利用师生群体普遍使用微信通信工具开发的一款辅助软件，它可使教师对学生实施可靠的学习进程管理，发布各种教学指令、信息和回复，还可以为学生的学习开辟出另一新型场所。在此用例中，教师可群发相关教学信息、通知和公告等；可自动加入群或"踢人"出群；可编辑自动应答机器人助手，回复学生学习求助请求，减轻了作复杂程度；可对接完善的学习资源库，实现学生个性化教学内容推荐机制，提高教学效率。

2. 学生用户用例

学生用户是本系统应用的主体，系统功能设计方向也是针对他们的学习需求而进行的。学生用户的主要功能分为以下几个方面：平台注册、登录、学生注册用例。为了提高平台功能的易用性，注册部分可引入微信第二方登录，在接通过微信接口进行用户注册，待基础信息注册完成后再完善其他学生信息，减少体验复杂性。

学生登录用例。登录操作是学生用户进入本平台获得所有资源的关键步骤，只有输入正常的登录凭证才能进入平台，否则只能以一般游客的身份进入，仅被允许浏览到部分如平台介绍、课程列表等公共信息。

课程学习用例。课程学习是网上学习的主要环节，是通过观看由教师精心制作的短视频来习得知识的，类似于传统的课堂教学形式，区别在于从现实转到了网上。学生可以自主地控制播放进度，对理解不太好的部分可以进行重复学习，同时，可以对自己感兴趣的课程进行收藏，方便下次继续学习。

学生评论用例。学生在学习课程内容时，可以实时地对其进行评论。这不仅符合学生的使用习惯，更重要的是通过收集评论中有价值的信息，也可以帮助教师改进教学策略和方法。

资源收藏用例。和课程收藏类似，学生可以把自己觉得有价值的学习资源标注收藏起来或从收藏夹删除，便于自我管理。

BBS 用例。学生可以进入 BBS 中查看最新论坛动态，并在相关兴趣小组板块进行发言、"灌水""拍砖"等。

在线测评用例。学生可以在观看视频课程时或参加集中考试时进行测评，测评数据如答题正确率、完成进度、答题时间等参数将被平台相关模块逐一记录，作为重要的教学参考数据以一定形式反馈给教师。

SPOC 群组活动用例。通过 SPOC 资格考核的学生将会自动进入到由教师创建的 SPOC 教学微信群组之中。学生可以在课堂之外或是没有登录教学平台的时候，通过微信软件与参加本门课程学习的同学进行互动，遇到疑难问题时也可以通过微信消息联系教师进行解答，并且方便接收教师发出的各种学习指令。学生在本组群中，除一般性交流外，还可以根据管理员公布的查询语义规则，自主地搜索平台内的相关学习资源。

个人资料管理用例。学生用户可以方便对自己的平台信息，如登录密码、图像、学号、邮箱、手机号、姓名等进行管理和完善。

四、基于 MOOC+SPOC 高职 NET 语言教学辅助系统的设计

（一）系统总体设计原则

衡量一个系统优劣的标准除设计者在功能设计上满足用户基本需求外，还应该满足以下设计原则：

1. 安全性原则

（1）数据安全性。由于学生数量众多，且系统中保存了他们的姓名、联系方式等敏感信息，系统要制定定时数据备份机制，防止因服务牌系统崩溃或其他不可抗力因素带来的内部信息丢失和泄露。

（2）权限设计的合理性。系统中存在多种角色的用户，要在设计时定义各自清晰的使用权限，防止出现定义模糊、功能混乱的局面。

2. 良好用户体验性原则

好的用户体验，必须能够为用户感知。系统设计要充分调研，熟悉教师和学生群体的使用习惯，保证界面设计和操作上的用户体验良好。

3. 系统易扩展性原则

系统功能是不断完善的，它会随着上线运营后时间的推移和师生用户意见建议的不断汇总，一步步完善而走向日臻完美。所以，前期在设计上要充分考虑扩展性的需要，保证系统功能的灵活性。

4. 系统易用性原则

系统设计在界面和功能上都要以师生的实际需要为基础，保证他们使用时的操作便易性，定期组织在线调查，征集师生对系统功能或操作上的宝贵意见和建议，并将有价值的信息收集"消化"后，进一步优化，以至逐渐完美。

（二）系统建辑框架设计

本系统是由 Web 形式的在线平台与运行在教师方计算机上的微信扩展工具两部分组成。其中，Web平台主要针对所有学生，微信扩展工具的服务范围仅限于 SPOC 教学环境。

Web 平台采用的是网络应用主流框架 B/S 框架模式。在 B/S 框架中，系统没有特定的客户端，核心功能集中在服务器上，用户统一使用浏览器作为客户端，在系统变更时只需变更服务器，这种设计简化了系统的升级、维护和使用。另外，用户的客户机只需通过浏览器与程序进行交互，不必有专门的网络软硬件环境，因此 B/S 还具有更强的适应性，可适用于大规模的跨平台用户。

而微信扩展工具由于其适用范围仅限于教师端，且后台逻辑较为复杂，故拟采用 C/S 模式进行开发。

（三）系统架构设计

Web 平台的体系架构采用当前主流 C#MVC 框架。Web 应用采用 MVC 三层架构思想构建，可以大大减少代码量，将开发人员从繁重的编程工作中解放出来，使开发人员专注于复杂业务的逻辑实现。

MVC 是三个单词的缩写，分别为模型（MOde1）、视图（View）、控制（Controller）。

MVC 模式的目的就是实现 Web 系统的职能分工。Model 层实现系统中的业务逻辑 Controller 层是 Model 与 View 之间沟通的桥梁，它可以分派用户的请求并选择恰当的视图以用于显示，同时它可以解释用户的输入并将它们映射为模型层可执行的操作。

三层架构就是将整个业务应用划分为表现层（UI）、业务逻辑层（BLL）和数据访问层（DAL）。区分层次的目的是为了实现"高内聚，低耦合"。MVC 的优点在于灵活性、可扩展性和可测试性。

（四）模块设计

根据上述功能需要，我们可以把整个 MOOC 平台系统划分成以下几个功能模块：系统设置模块；课程管理模块；班级学生模块；学习资源管理模块；脚本在线运行模块；在线测评模块；师生和学生交流模块；第三方 SPOC 组织模块；学生学习数据统计模块。

1. 系统设置模块

系统设置模块主要是对整个系统的共用参数或属性进行管理，保证所有模块的正常运行。

2. 课程管理模块

课程管理模块主要具有以下功能。

（1）教师能对现有课程库进行添加、修改和删除等操作，并对其中某些视频进行推荐到首页、置顶或隐藏等操作。

（2）将所有视频课程以最优化的显示效果呈现给学生，提供强大的站内资源搜索功能，让学生可以方便地查询到自己需要的课程资源。

（3）教师可以根据学生的浏览历史和不同学习需要，为学生推荐相关课程。

3. 班级学生模块

班级学生模块主要具有以下功能。

（1）学生通过注册和登录后将自己的信息录入到模块中，对个人信息，如姓名、专业、班级、账号密码、微信、手机号、邮箱等进行管理。

（2）教师在管理后台可以对所有选课学生进行管理，也可以查询到具体学生的相关信息。

4. 学习资源管理模块

除平台视频课程之外的与课程相关的一些学习资源，如文字知识点、外部视频连接、参考阅读网址等，都是视频课程的有效补充。

学习资源管理模块主要有以下功能：

（1）对系统内所有相关的学习资源进行添加、删除和修改操作，并对其中资源进行推卷置顶和隐藏操作。

（2）根据特定视频课程进行相关性设置，扩展学生的学习广度和深度。

（3）设置与SPOC教学群组工具的资源共享，使学生在微信群组中也可以方便获取。

5. 脚本在线运行模块

学生在观着视频课程时不需要调用其他集成开发工具就可在本窗口内进行编程语言的编写和调试，并及时得到返网结果，达到提高和强化学习效果的目的。

脚本在线运行模块主要具有以下功能。

（1）提供在线代码脚本运行的功能。

（2）收集学生程序编写逻辑和运行结果方面的数据。

6. 在线测评模块

在线测评模块是为了保证学生在课后无约束压力环境下，学习和观看视频课程时保持集中注意力和良好学习效果而设置的在线测试，只有测试通过方可继续现看视频，最终达到提高和强化学习效果的目的。

在线测评模块主要具有以下功能。

（1）提供实时内容在线强化训练或在线考试功能。

（2）收集学生测评方面的数据。

7. 师生和学生交流模块

在线测评模块主要具有以下功能

（1）收集学生对教学过程的反馈。

（2）提供学习交流、增进师生学生感情、构建和谐学习生态。

8. 第三方 SPOC 组织模块

模块的主要功能是利用微信通信工具的分组功能对进行 SPOC 教学模式中的学生进行有效管理并开展教学活动第 1 方 SPOC 组织模块主要有以下功能：

（1）发布各种教学信息通知。

（2）通过设置微信群组机器人，实现学生群内自主查询并获取相关学习资源。

（3）SPOC 教学群组管理，实现学生的人群、踢群和积分管理。

9. 学生学习数据统计模块二

学生学习数据统计模块主要具有以下功能

（1）统计整体学生情况，如总人数、总在线人数、班级专业分布等。

（2）统计单个学生的学习历史路径，如某一时间段内浏览课程视频记录、停留时间、登录时间、发布评论或学习求助信息的次数、页面进入来源信息、在线总时长等。

（3）记录学生各阶段在线测评成绩、观看视频时测试正确率、在线代码运行结果等信息。

10. 数据库设计

本系统数据库拟采用 MicrosoftSQLServer2015，它是微软发布的新一代数据平台产品，全面支持云技术与平台，并且能够快速构建相应的解决方案，实现私有与公有云之间数据的扩展与应用的迁移。

（五）系统功能详细设计与实现

由于涉及功能比较繁多，只对部分功能，如学生信息管理模块、学生学习行迹和学习指标统计模块、在线考试试卷生成模块、视频实时测评模块、SPOC 微信管理插件的实现和在线代他运行功能的实现进行了详细描述

1. 学生信息管理模块

（1）功能介绍学生信息管理模块是在线平台的基本组成部分之一，其主要功能可以归纳为学生用户注册，通过用户名账号登录进入系统后，能方便地对个人信息进行修改，定时修改个人密码该模块属于一般涉及会员功能的基本组成部分，是平价用户进入系统的唯一入口软件流程图。

2. 学生学习历史路径记录模块

（1）功能介绍历史路线记录模块的主要功能是对平台内部学生用户的操作行为，如每天登录时间、历史浏览页面统计、页面停留时间、网络社交活跃程度、发贴次数、评论次数、收藏次数、每日在线时长统计、页面跳出率、每日视频观看时间等指标参数进行记录。后台在记录了以上数据后，以线性图、柱形图、气泡图、仪表图等直观形式呈现给教师，给他们的教学设计和决策提供有力、可靠的参考数据，保证教学活动的顺

利进行。

3. 在线考试试卷生成模块

（1）功能介绍：在线考试试卷生成模块是指以 Web 形式呈现出来的在线考试系统，它的主要功能是协助教师组建在线题库、定期对试题进行替换或补充、新建或删除考试试卷等。

（2）软件流程管理员 / 教师登录管理后台进入系统后，先对现有帖库进行完整和补充，然后对试卷相关值息进行设置，点击新建试卷。

4. 视频实时测评模块

（1）功能介绍。教师针对教学计划的要求对特定视频在播放过程中动态插入 PPT 演示、插入测验，也可通过搜索已有题库批量插入试题，插入的对象会在视频播放至设置好的时间节点处进行强制性弹出，学生无法进行关闭或跳过。在完成测试后系统会自动记录下测试结果，反馈给后台，并作为学习行为的基础数据保留下来。此外，在课程学习过程中进行的随堂测试，能有效避免学生注意力不集中而导致对知识点掌握不够的情况，类似闯关式的学习过程，帮助他们加深印象，固化概念，提高学习效率和趣味性，值得大力推广。

5.SPOC 微信管理插件的实现

（1）功能介绍。SPOC 教学模式是本系统两大基本组成部分之一，相对于 MOOC 教学，在 SPOC 教学模式中，教师无疑要花费更多的时间和精力来监督和引导学生的学习进程，为每个学生制定完整的学习计划，及时回复或解答他们在学习中遇到的各种链难问题，以保证他们的学习效果。然而，无论是虚拟互联网中的教育学习平台，还是现实生活中的课堂教学，所触及的范围终究是有限的，这些都不能很好地解决学生在课后遇到困难时向谁求助的问题，并最终造成他们求知兴趣的消磨。由此可见，在 SPOC 模式教学中，引入一种第三方即时沟通工具，将教师和学生之间的日常社交的一部分融为一体，让他们之间的沟通变得更便捷、更有效率是非常有必要的。

笔者经过调查研究后发现，目前国内市面上较为流行的即时沟通工具主要是腾讯公司的 QQ 和微信，两者虽然在产品定位上存在较大差异，但由于功能强大且体验良好，均拥有大量用户群体，特别是在高职师生群体中的使用比例更是达到全覆盖程度。经慎重比较后，在功能上，微信较之 QQ，功能较为专一，其他附带娱乐功能较少，适合学生群体使用；并且某一微信号可以建立多个独立的微信聊天群组和发布群组公告，符合 SPOC 教学模式的组织形式，故选用其来作为项目 SPOC 教学模式中所使用的即时沟通工具。

为了使微信在 SPOC 教学中的功能更加完善，笔者将利用微信软件相关接口的知识，针对 SPOC 教学，开发一微信群组用户管理插件（采用 C/S 架构），其主要功能是实现教师（即群主）一对多发送文字消息；教师可在插件内设置关键词自动应答机器人，确保他们不在手机或电脑身旁时，仍可以及时回复学生的求助或问题；实现与网络 Web 平台的数据对接，根据群内学生特定需求自动推荐相关学习资源；批量移除或加入学生微信；由于数据流通道是畅通的，系统同样可以对学生的学习行为进行监控和记录。

（2）系统界面教师通过管理员预设的账号密码登录到工具中。在"查询触发词"文本框处，可以设置 SPOC 群内学生进行自助机器人查询的触发问，可以根据学习用语习惯设置多个触发词，用逗号隔开。可在群内告知学生此功能的操作方法，即"触发词＋直询关键词"。点击登录小号，开始登录群监控的微信号，用来获取学生在微信内发出的各种求助信息，并发出响应。

扫码登录功能，用微信扫一下窗体右侧的二维码，实现监控操作示例说明：软件会根据微信提供的接口获取到该微信管理的微信群组，并提示教师勾选。其可以同时监控多个微信群组。扫码登录、勾选要监控的群组后的主界面。

扫码登录功能，学生在群内通过"触发词＋关键词"查询，自主获取相关学习资源，无须教师手动回复，极大提高了学习效率和教学体验。如果有的学生对问题定义尚不清晰，机器人还支持语义模糊查询，如查询"装箱拆箱"，学生输入"我要找装箱拆箱"就可以找到关于"装箱"和"拆箱"所有相关的信息目前，由于手机微信的操作界面限制，每次查询仅推荐一条信息，当学生对当前查询到的信息不满意时，可输入"换一个"，系统便会查询显示下一条相关信息，甚至查询到所有信息为止。

当 SPOC 群组的学生在手机端进行自主学习查询时，最终是 PC 端监控程序捕捉、处理并反馈给他们的，同时 PC 端还会将所有学生的查询、推小等的学习行为进行记录备份，并将数据上传 Web 端教学系统之中，成为重要的数据补充，为教师教学提供更加准确全面的数据分析，PC 端甚至还可以为教师管理 SPOC 群组，提供有选择的消息群发和聊天功能。

参考文献

[1] 段悦."互联网+"背景下智慧课堂在高职院校信息技术课程中的应用 [J]. 中国新通信,2024,26(01):124-126.

[2] 徐芳,陶硕.基于 MOOC 的高职计算机技术混合式教学模式创新研究 [J]. 科技与创新,2023,(24):136-138.

[3] 王倩.新一代信息技术背景下高职计算机基础课程教学模式探究 [J]. 办公自动化,2023,28(23):24-26.

[4] 刘川.产教融合视域下高职计算机教学模式的实践探讨 [J]. 佳木斯职业学院学报,2023,39(10):214-216.

[5] 崔钰珂.混合教学模式下高职院校计算机专业电子技术基础课程教学策略 [J]. 信息与电脑 (理论版),2023,35(19):243-246.

[6] 冯筠.基于"互联网+"的高职计算机课程线上线下混合式教学模式研究 [J]. 中国新通信,2023,25(17):146-148.

[7] 刘琴.高职计算机专业混合式教学模式践行中的问题及对策研究 [J]. 中国管理信息化,2023,26(15):237-240.

[8] 祁万青."互联网+"背景下高职计算机类课程的智慧教学模式构建及实践 [J]. 中国新通信,2023,25(14):144-146.

[9] 李建基.以就业为导向的高职计算机教学模式优化策略 [J]. 中国新通信,2023,25(12):137-139.

[10] 代冬凤,陈岩岩,宋蓓蓓.移动学习情境下高职计算机专业教学模式探究——以《数据库技术》为例 [J]. 中国新通信,2023,25(10):143-145.

[11] 李滢.WebQuest 教学模式在高职《计算机基础》课程教学中的应用 [J]. 中国新通信,2023,25(10):101-103.

[12] 禄璟,陈捷.全矩阵环境下创新合作教学模式在高职"计算机应用基础"课程中的应用与研究 [J]. 广东职业技术教育与研究,2023,(04):69-73.

[13] 徐静,刘小琛.计算机辅助翻译助力 ESP 教学——高职以及职业本科院校大学英语教学新模式探讨 [J]. 科教导刊,2023,(12):113-115.

[14] 祁万青.线上线下混合教学模式在高职计算机教学中的应用 [J]. 中国新通信 ,2023,25(07):86-88.

[15] 尹婷 ,赵思佳 ,雷群泌 ."MCLA+ 合作学习"融合教学模式在高职计算机课堂中的应用 [J]. 创新创业理论研究与实践 ,2023,6(05):130-132.

[16] 吴姗 ,彭茜 ,屈晶 .线上线下混合式教学模式在高职院校计算机基础课程教学中的应用研究——以雅安职业技术学院为例 [J]. 产业与科技论坛 ,2023,22(04):169-171.

[17] 刘承良 .高职院校教学资源库混合式学习模式实践研究——以计算机网络技术专业为例 [J]. 现代信息科技 ,2023,7(03):192-194+198.

[18] 王学谦 .线上线下混合式教学模式在高职计算机教学中的应用研究 [J]. 中国多媒体与网络教学学报 (中旬刊),2022,(12):30-34.

[19] 刘美健 .高职院校公共基础课课程思政 "393" 教学模式的应用研究——以《计算机应用基础》课程为例 [J]. 湖北科技学院学报 ,2022,42(06):121-125.

[20] 韩玲玲 .基于 "互联网 +" 的高职计算机类混合式教学模式研究 [J]. 中国新通信 ,2022,24(22):96-98.

[21] 田甜 ."翻转课堂"教学模式下的高职计算机应用基础课程研究 [D]. 河北师范大学 ,2018.

[22] 黑帅 ."虚实结合—软硬结合"高职单片机实验教学研究 [D]. 贵州师范大学 ,2018.

[23] 王节 .高职学生计算思维现状及发展对策的研究与实践 [D]. 重庆师范大学 ,2015.

[24] 闫丹 .PBL 在高职《计算机基础》实训中的应用研究 [D]. 山西师范大学 ,2014.

[25] 许盟 .项目化教学模式在高职计算机应用基础课教学中的应用 [D]. 吉林大学 ,2013.

[26] 谢中梅 ,孔外平 ,李琳 .谢中梅 ;孔外平 ;李琳 .计算机应用与数据分析 + 人工智能 [M]. 北京 : 电子工业出版社 , 2021.

[27] 康瑞锋 .康瑞锋 .计算机应用基础 [M]. 南京 : 南京东南大学出版社 , 2017.

[28] 石淑华 ,池瑞楠 .石淑华 ;池瑞楠 .计算机网络安全技术 [M]. 北京 : 人民邮电出版社 , 2016.

[29] 李豫诚 .李豫诚 .计算机基础教程 [M]. 重庆 : 重庆大学出版社 , 2016.

[30] 魏银珍 ,孙萍 ,孙锐 ,周巍 ,陈苏红 .魏银珍 ;孙萍 ;孙锐 ;周巍 ;陈苏红 .大学计算机基础实训指导 [M]. 重庆 : 重庆大学出版社 , 2015.

[31] 周巍 ,陈苏红 ,孙锐 ,孙萍 ,魏银珍 .周巍 ;陈苏红 ;孙锐 ;孙萍 ;魏银珍 .大学计算机基础 [M]. 重庆 : 重庆大学出版社 , 2015.